高职高专计算机类专业教材·软件开发系列

U0192677

C 语言项目化教程
（基于智能制造软件）

罗 颖 雷 晖 主 编

刘文军 陈 瑾 栾咏红 朱 东 副主编

电子工业出版社

Publishing House of Electronics Industry

北京·BEIJING

内 容 简 介

本书分为 10 个项目，包括课程准备、车辆行驶状态显示（输入、输出）、车辆数据类型选择（选择结构）、车辆电池数据监测（循环结构）、汽车销售数据（数组）、模块化设计（函数）、汽车数据间接显示（指针）、汽车数据显示（结构体）、汽车数据文件的读/写操作（文件）、综合任务：车辆数据收发模拟器。每个项目都设定了学习目标，分解后的每个任务都设定了任务目标、知识储备、典型案例、任务分析与实践、巩固练习 5 个环节，逐层递进分析和解决问题。本书配有全套在线教学视频，生动形象地讲解了 C 语言的基础知识与应用方法，易学易用。

本书以校企合作项目为真实案例，选取有效案例融入知识讲解中，德技并修，以任务驱动的方式让学生从发现问题、寻找方法、解决问题的全过程中得到全方位、专业的编程技能训练。本书既适合作为高职高专院校计算机专业学生的 C 语言程序设计教材，也适合作为广大读者的自学参考用书。

图书在版编目（CIP）数据

C 语言项目化教程：基于智能制造软件 / 罗颖，雷晖主编. —北京：电子工业出版社，2023.11

ISBN 978-7-121-46889-6

Ⅰ．①C… Ⅱ．①罗… ②雷… Ⅲ．①C 语言－程序设计－高等学校－教材 Ⅳ．①TP312.8

中国国家版本馆 CIP 数据核字（2023）第 234835 号

责任编辑：左　雅
印　　刷：三河市鑫金马印装有限公司
装　　订：三河市鑫金马印装有限公司
出版发行：电子工业出版社
　　　　　北京市海淀区万寿路 173 信箱　　邮编：100036
开　　本：787×1092　　1/16　　印张：17　　字数：435 千字
版　　次：2023 年 11 月第 1 版
印　　次：2023 年 11 月第 1 次印刷
定　　价：55.00 元

凡所购买电子工业出版社图书有缺损问题，请向购买书店调换。若书店售缺，请与本社发行部联系，联系及邮购电话：（010）88254888，88258888。

质量投诉请发邮件至 zlts@phei.com.cn，盗版侵权举报请发邮件至 dbqq@phei.com.cn。

本书咨询联系方式：（010）88254580，zuoya@phei.com.cn。

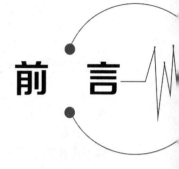

前　言

C 语言自 20 世纪 70 年代被设计开发出来以后，便一直作为众多院校相关专业学习程序设计的基础语言。首先，C 语言比较简洁明了，初学者无须学习大量的语法，就能快速上手，编写应用程序。其次，C 语言的功能非常强大，无论是硬件驱动程序、操作系统组件，还是嵌入式开发应用程序等都有着广泛的应用。最后，C 语言的兼容性比较好，任何计算机都能支持 C 语言编辑器，可以在任何系统环境下运行。因此，C 语言是学习结构化编程语言的基础，学好 C 语言就掌握了人与计算机交流的基本工具，可以更好地让语言为编程服务。

通过学院教师和海格新能源汽车电控系统科技有限公司校企合作项目"新能源汽车远程监控和大数据智能分析平台"，以及课程实施多年的教学成果，我们编撰了本书。本书力求淡化语法、强调应用、由浅入深、循序渐进地讲解 C 语言的基础知识和应用方法。

1. 本书的特色

（1）以项目为教材的基础。以海格新能源汽车检测过程中遇到的各种问题为主线设计项目，根据不同项目展开教学。每个项目都对应真实企业的应用实施范围，符合高职高专学生技能学习的需求。

（2）以实践为教材的导向。充分理解和掌握一门语言，最佳的方法就是多练习、多实践。本书在每个任务分析与实践后面都设有巩固练习，并配有代码加以辅助学习，以此来检验学生对本任务知识技能点的掌握情况，使学生能享受在学习中逐步提高的过程。

（3）以定制为教材的模式。本书配有全套在线教学视频，便于学生定制学习计划。十大模块通过项目整合，每个项目采用碎片化方式进行组织，围绕核心技能录制在线教学视频，方便学生自学，并为其个性化定制学习提供必要条件。

2. 本书的创新性

（1）落实专业基础课"德技双修"的协同育人模式。把课程思政与专业技术有机结合，引导学生对理想信念及价值观问题进行探讨与思考。

（2）探索专业基础课服务+专业素养的新路径。本书立足高职高专人才培养的目标，坚持"学以致用、学为所用、学有所用"的原则，增强专业基础课对提升学生专业素养和综合素质的作用。

本书由苏州工业职业技术学院教师团队编写，其中，项目 1、项目 3 由罗颖编写，项目 2、项目 5 由雷晖编写，项目 4、项目 8 由陈瑾编写，项目 9、项目 10 由刘文军编写，项目 6 由栾咏红编写，项目 7 由朱东编写。罗颖、雷晖对全书进行统稿及审定。

C 语言课程于 2022 年被认定为江苏省首届精品在线开放课程。在该课程网站[登录"中国大学 MOOC（慕课）国家精品课程在线学习"平台，搜索"C 语言程序设计"，选择"苏州工业职业技术学院"开设的 C 语言课程] 中提供了丰富的教学资源。另外，我们也在不断补充和完善课程网站，欢迎读者访问。

由于编者水平有限，书中难免存在疏漏和不足之处，恳请同行专家和广大读者批评、指正。

编 者
2023 年 8 月

CONTENTS

目 录

01 | 项目 1 课程准备

学习目标

知识目标
- 初步熟悉 C 语言程序开发的过程和 Visual C++开发程序的步骤。
- 理解语句的概念。
- 掌握 C 语言程序和函数（包括主函数）的结构。

能力目标
- 能够初步对 C 语言程序进行调试。

任务 1.1 计算机语言介绍

1.1.1 计算机语言的发展

人与人之间的交流需要通过语言来实现。人与计算机之间的交流也需要通过语言来实现。计算机语言（Computer Language）是指用于人与计算机之间通信的语言，是人与计算机之间传递信息的媒介。计算机系统最重要的特征之一是通过一种语言发出指令传达给计算机。计算机语言经历了以下 3 个发展阶段。

1. 机器语言

人们通过编写"0"和"1"这样的二进制数来控制计算机，其实就是控制计算机控制系统的高低电平或继电器的接通断开，每一个操作码在计算机内部都由相应的电路来完成。计算机只能识别和接收由 0 和 1 组成二进制数，这类由计算机能直接识别和执行的一种机器指令的集合称为机器指令（Machine Instruction）。机器指令的集合就是该计算机的机器语言。一般计算机的指令长度为 16，即以 16 个 0 和 1 组成的各种排列组合，如 1100110000000001。

2. 汇编语言

汇编语言是一种应用于电子计算机、微处理器、微控制器或其他可编程器件的低级语言，又被称为"符号语言"。在汇编语言中，用助记符（Mnemonics）代替机器指令的操作码，用地址符号（Symbol）或标号（Label）代替指令或操作数的地址。程序员先用汇编语言编写出源程序，再用汇编编译器将其编译为机器码，最终由计算机执行。汇编语言编写程序的过程如图 1-1 所示。

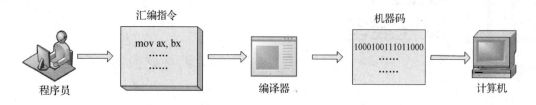

图 1-1　汇编语言编写程序的过程

虽然汇编语言比 C 语言简单、好记一些，但是仍然难以普及。这是因为不同型号计算机的处理器是不同的，具有不同的汇编语言和编译器，机器语言和汇编源是无法通用的。

3. 高级语言

高级语言是独立于机器，面向过程或对象的编程语言，与低级语言相对。它是以人类的日常语言为基础的一种编程语言，使用一般人易于接受的文字来表示（如汉字、不规则英文或其他外语），从而使程序编写更容易，也有较高的可读性。20 世纪 50 年代，第一个计算机高级语言 Fortran 出现。目前的高级语言有 Java、C/C++、C#、Pascal、Python 等。计算机是不能直接识别高级语言程序的，也要进行翻译，即先使用一种编译程序的软件把高级语言编写的程序（源程序）转换为机器指令的程序（目标程序），再通过计算机执行机器指令程序，最后得到结果。

高级语言经历了非结构化的语言、结构化的语言、面向对象的语言 3 个阶段。

（1）非结构化的语言。编程比较随意，只要符合语法规则即可，程序中可以随意跳转，导致程序很难阅读及维护，如 Basic、Fortran 等。

（2）结构化的语言。程序必须由良好特性的基本结构组成，不允许随意跳转，而且程序按从上到下的顺序执行各个基本结构，如 QBasic 等。

（3）面向对象的语言。这是一种以对象作为基本程序结构单位的程序设计语言，该语言提供了类、继承等元素。

小贴士：

C 语言适于编写系统级的程序，如操作系统。C 语言是第一个使得系统级代码移植成为可能的编程语言。

1.1.2　C 语言介绍

C 语言是 20 世纪 70 年代初由美国贝尔实验室在 B 语言的基础上发展起来的。它保持了 B 语言精练、接近硬件的特点，又改进了 B 语言过于简单的缺点。在 C 语言的基础上，贝尔实验室在 1983 年推出了 C++。C++进一步扩展和完善了 C 语言，成为一种面向对象的程序设计语言。

C 语言的主要特点如下。

（1）C 语言简洁、紧凑，使用方便、灵活。

C 语言有 32 个关键字，9 种控制语句。书写形式自由，一行可以书写多条语句，一条语句也可以写在不同行上。

（2）C 语言具有丰富的运算符。

C 语言共有 34 种运算符，可以实现其他高级语言难以实现的运算。

（3）C 语言具有丰富的数据类型。

C 语言具有现代化语言的各种数据类型；用户能自己扩充数据类型，实现各种复杂的数据结构，完成具体问题的数据描述。

（4）以函数作为模块单位。

C 语言是一种结构化语言，其主要成分是函数。函数是 C 语言程序的基本结构模块。程序可以由不同功能的函数组成，从而达到结构化程序设计中模块的要求。另外，C 语言提供了 3 种基本结构（顺序结构、选择结构、循环结构），使程序流程具有良好的结构性。

（5）C 语言具有较高的移植性，目标代码质量高、运行效率高。

使用 C 语言编写的程序，其生成的目标代码质量高、运行效率高，一般只比汇编程序生成的目标代码效率低 10%～20%。

（6）允许直接访问物理地址。

C 语言允许对硬件内存地址进行直接读/写操作，以此实现汇编语言的主要功能，并可以直接操作硬件。C 语言不但具备高级语言具有的良好特性，而且包含了许多低级语言的优势，因此在系统软件编程领域有着广泛的应用。

读者现在也许还不能深刻理解 C 语言的以上特点，待学完本书以后再回顾，就会有比较深的体会。

小贴士：

（1）C 语言的缺点主要表现在数据的封装性上，这使得 C 语言在数据的安全性上有很大缺陷，这也是 C 语言与 C++的一大区别。

（2）C 语言的语法限制不太严格，对变量的类型约束不严格将会影响程序的安全性。

任务 1.2　C 语言的工具介绍

在了解了 C 语言的基本知识后，我们需要上机实现一个 C 语言程序，以便更好地提高对程序的理解和认识。下面介绍 3 种可以运行 C 语言程序的软件。

1.2.1　Visual C++ 6.0

Visual C++6.0 简称为 VC 或 VC 6.0，是一个功能强大的可视化软件开发工具。Visual C++6.0 不仅是一个 C++编译器，而且是一个基于 Windows 操作系统的可视化集成开发环境（Integrated Development Environment，IDE）。很多 C 语言的教材都使用了这一环境。目前，计算机等级考试中采用的 C 语言环境平台就是它，另外，一般 C 语言竞赛也将 Visual C++ 6.0 作为平台之一，如由工业和信息化部人才交流中心举办的蓝桥杯大赛。

使用 Visual C++ 6.0 运行 C 语言程序的步骤如下。

（1）双击 Windows 桌面上的快捷图标，打开 Visual C++ 6.0 集成开发环境的窗口，如图 1-2 所示。

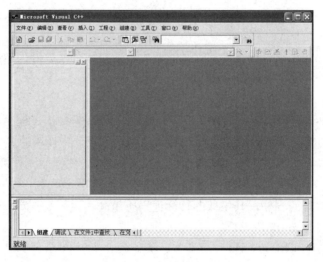

图 1-2　Visual C++6.0 集成开发环境的窗口

（2）新建文件步骤。选择"文件"→"新建"命令，如图 1-3 所示。

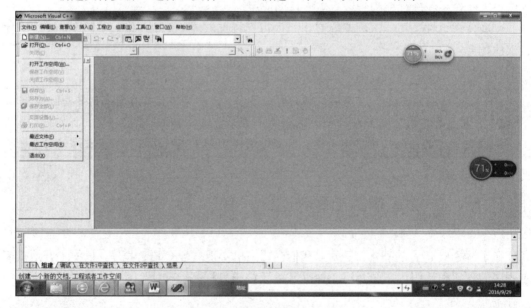

图 1-3　选择"新建"命令

（3）打开"新建"对话框，选择"文件"选项卡，选择"C++ Source File"选项，在"文件名"文本框中输入程序名（hello），单击"确定"按钮，如图 1-4 所示。在 Visual C++ 6.0 环境下编写的 C 语言源程序的扩展名默认是".cpp"。

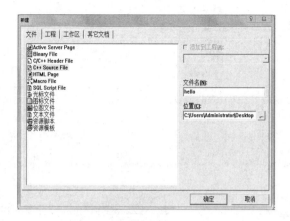

图1-4 单击"确定"按钮

（4）打开源程序的编辑窗口，如图1-5所示。

图1-5 源程序的编辑窗口

（5）编写源程序，如图1-6所示。

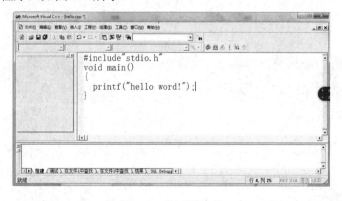

图1-6 编写源程序

（6）选择"组建"→"编译"命令，或者单击工具栏中的🖫按钮，都可以编译编写的源程序，如图1-7所示。

（7）选择"组建"→"全部重建"命令，或者单击工具栏中的🖳按钮，都可以编译连接，如图1-8所示。

图 1-7　选择"编译"命令

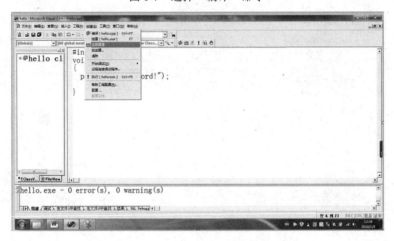

图 1-8　选择"全部重建"命令

（8）选择"组建"→"执行"命令，或者单击工具栏中的 ! 按钮，都可以执行编写的源程序，如图 1-9 所示。

图 1-9　选择"执行"命令

（9）显示程序的运行结果，如图 1-10 所示。

图 1-10　程序的运行结果

1.2.2　DEV-C++

　　DEV-C++是一个基于 Windows 操作系统的轻量级的 C/C++集成开发环境（IDE）。它是一款自由软件，遵守 GPL（General Public License）许可协议分发源代码。开发环境包括多页面窗口、工程编辑器与调试器等。在工程编辑器中，它集合了编辑器、编译器、连接程序与执行程序，提供高亮度语法显示，以减少编辑错误，还有完善的调试功能，适合于初学者使用。

　　使用 DEV-C++运行 C 语言程序的步骤如下。

　　（1）双击 Windows 桌面上的 ![icon] 快捷图标，打开 DEV-C++窗口，如图 1-11 所示。

图 1-11　DEV-C++窗口

　　（2）选择"文件"→"新建"→"源代码"命令，打开源代码编辑窗口，如图 1-12 所示。

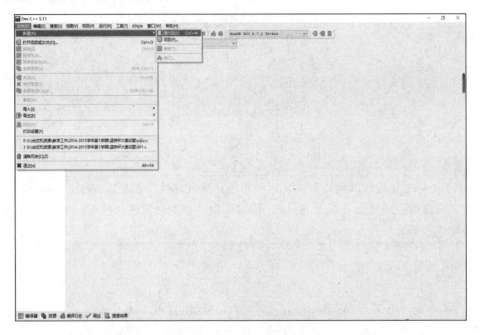

图 1-12　选择"源代码"命令

（3）新建一个 C 语言程序，并写入第一个程序的源代码。单击工具栏中的  保存按钮，打开"保存为"对话框，设置完文件名、保存类型后，单击"保存"按钮，如图 1-13 所示。

图 1-13　保存程序的源代码

（4）单击工具栏中的 ✓ 按钮调试源代码，显示源代码编辑对话框，单击"Yes"按钮，如图 1-14 所示。

（5）选择"运行"→"运行"命令，或者单击工具栏中的 ▢ 按钮，运行源代码，如图 1-15 所示。

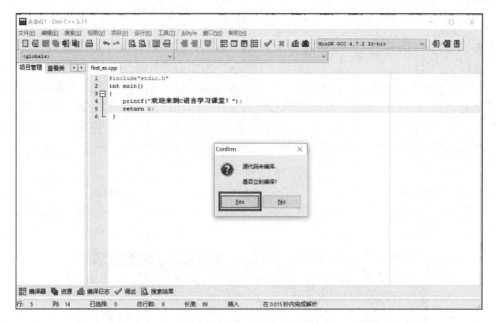

图 1-14 源代码编辑对话框

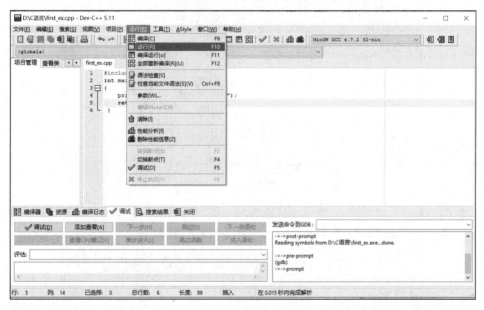

图 1-15 运行源代码

（6）程序的运行结果如图 1-16 所示。

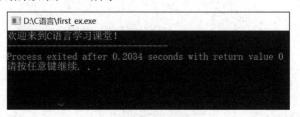

图 1-16 程序的运行结果

1.2.3　C/C++程序设计学习与实验系统

本书中的 C/C++程序设计学习与实验系统是一位从事一线教学的教师根据初学者的特点量身定制的一个软件。在学习资源树上可以很方便地打开学习资源，有集成的《C 语言入门教程》，对应的每章都指出了初学者的易错点，每章都配有习题与答案分析，还有历年的计算机等级二级 C 语言的试卷与答案，以及 58 个经典源程序等。当程序出错时，除了有英文提示，还有中文提示，便于初学者查找问题。

C/C++启动步骤如下。

（1）双击 Windows 桌面上的 ![]快捷图标，打开"C/C++程序设计学习与实验系统"窗口，如图 1-17 所示。

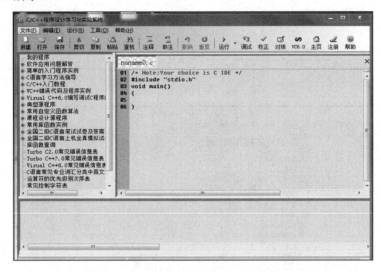

图 1-17　"C/C++程序设计学习与实验系统"窗口

（2）编写程序，并单击该窗口工具栏中的"保存"按钮，打开"另存为"对话框，设置完文件名、保存类型后，单击"保存"按钮，如图 1-18 所示。

图 1-18　保存编写的程序

（3）返回"C/C++程序设计学习与实验系统"窗口，可以观看保存的程序，如图 1-19 所示。

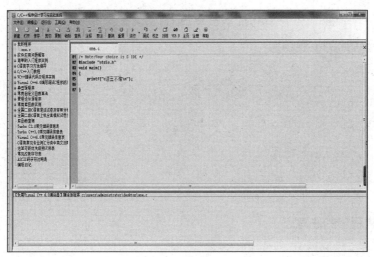

图 1-19　观看保存的程序

（4）单击工具栏中的"运行"按钮可以直接执行编辑、连接、运行操作。程序的运行结果如图 1-20 所示。

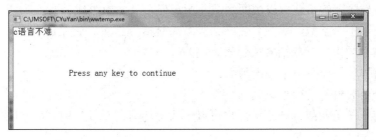

图 1-20　程序的运行结果

任务 1.3　创建第一个 C 语言程序——欢迎来到车辆监控系统

1.3.1　任务目标

创建一个 C 语言程序，显示"欢迎来到车辆监控系统"。

程序运行结果如图 1-21 所示。

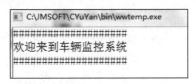

图 1-21　程序运行结果

1.3.2 知识储备

要实现一个具体的 C 语言程序，就必须先了解 C 语言的基本结构及各种规则。

1．C 语言程序的主要结构

```
#include <stdio.h>              //头文件
void main( )                    //主函数
{
    数据定义；
    数据赋值；
    数据计算；
    数据输出
}
```

2．C 语言程序的注意点

（1）C 语言由函数组成。

• 函数是 C 语言程序的基本单位。C 语言程序由一个或多个函数组成，必须有且仅有一个 main() 主函数。

• C 语言程序从 main() 主函数开始执行，主函数的位置无关紧要。

• C 语言程序中的函数可以由库函数和用户自定义函数组成。

• 函数可以不带参数，函数名后面必须有一对括号"()"，它是函数的标志。

• 函数体必须由一对花括号括起来。

• C 语言程序至少有一个输出函数。

（2）一个函数由若干行组成。

• 一行有一条语句或几条语句，也可以一条语句写在多行，用"\"作续行符。

• "；"是语句结束标志。

（3）在编写 C 语言程序时，建议使用小写字母，且在英文半角环境下编写代码。

（4）头文件的作用是赋予了调用某些库函数的权限。

• 当 C 语言程序中有输入/输出函数时必须有头文件#include "stdio.h"。

• 当 C 语言程序中有数学函数时必须有头文件#include "math.h"。

• 当 C 语言程序中有字符串函数时必须有头文件#include "string.h"。

3．printf()函数

printf()函数的作用是向终端（输出设备）输出多个数据，其语法格式为：

```
printf(格式控制,输出项表);
```

• 格式控制：使用双引号括起来的字符串，一般由字符串与格式说明符（%+格式字符）组成。

• 输出项表：需要输出的数据，可以是表达式、变量、常量等。

常用的 printf()函数输出格式如表 1-1 所示。

表 1-1 printf()函数输出格式

输出类型	举例	运行结果
输出普通字符	printf("一串字符");	C:\JMSOFT\CYuYan\bin\wwtemp.exe 一串字符
输出字符带换行	printf("一串字符\n"); printf("二串字符");	C:\JMSOFT\CYuYan\bin\wwtemp.exe 一串字符 二串字符
输出数值	int a=10,b=15; printf("%d+%d=%d",a,b,a+b);	C:\JMSOFT\CYuYan\bin\wwtemp.exe 10+15=25 Press any key to continue
输出字符	char ch='a'; printf("字符为%c",ch);	C:\JMSOFT\CYuYan\bin\wwtemp.exe 字符为a

4. 格式控制

程序中的数据根据不同的类型需要不同的格式控制。例如，十进制整数是以整数类型格式存放的，一个字符类型空间只能存放一个字母或特殊字符，其中一个汉字占用两个字符。单精度和双精度类型主要用于存放带有小数的数据。对初学者来说，可以先学习一些基本的格式类型，如表 1-2 所示。

表 1-2 格式类型

数据类型	格式说明符
十进制整数	%d
单个字符	%c
字符串	%s
单精度	%f
双精度	%lf

5. 注释格式

注释的作用是增强程序的可读性和对程序进行调试。注释格式及其举例如表 1-3 所示。

表 1-3 注释格式及其举例

注释类型	格式	举例
单行注释	//	//主函数
多行注释	以"/*"开始，以"*/"结束	/*这个题目的主要目的 是完成计算功能*/

小贴士：

C 语言程序均采用英文字符编写，切记当出现英文与中文标点符号时，应使用英文标点符号。编码的规范性是作为计算机编程人员的必要条件。

1.3.3 典型案例

典型案例 1：已知 2015 年江苏省新车的上牌数量，如图 1-22 所示，要求输出苏州的车辆上牌信息。

2015年江苏省新车上牌数量排名					
					单位：万辆
区位	新车上牌数量排名	GDP排名	常住人口数量排名		上牌数量
苏南	1	1	1	苏州	32.8
苏南	2	2	3	南京	24.1
苏中	3	4	4	南通	16.3

图 1-22　2015 年江苏省新车的上牌数量

代码如下：

```
#include "stdio.h"          //头文件
void main()                 //主函数
{
printf("2015年江苏省新车上牌数量排名%d,城市%s,上牌数量为%f",1,"苏州",32.8);
                            //显示数据
}
```

典型案例 1 的运行结果如图 1-23 所示。

典型案例 2：输出一辆新能源汽车的基本数据。驾驶员的驾驶证类型为 A，车牌号码为苏 E88888，汽车行驶速度为 80km/h，累计里程为 15347.5km，充放电次数为 100 次，目前处在 4 挡位。

代码如下：

```
#include "stdio.h"                      //头文件
void main()                             //主函数
{
    printf("一辆新能源汽车的基本数据为\n");   //新能源汽车数据显示
    printf("驾驶员的驾驶证类型为%c\n",'A');
    printf("车牌号码为%s\n","苏 E88888");
    printf("汽车行驶速度为%dkm/h\n",80);
    printf("累计里程%lfkm\n",15347.5);
    printf("充放点次数为%d 次\n",100);
    printf("目前处在%d 挡位\n",4);
}
```

典型案例 2 的运行结果如图 1-24 所示。

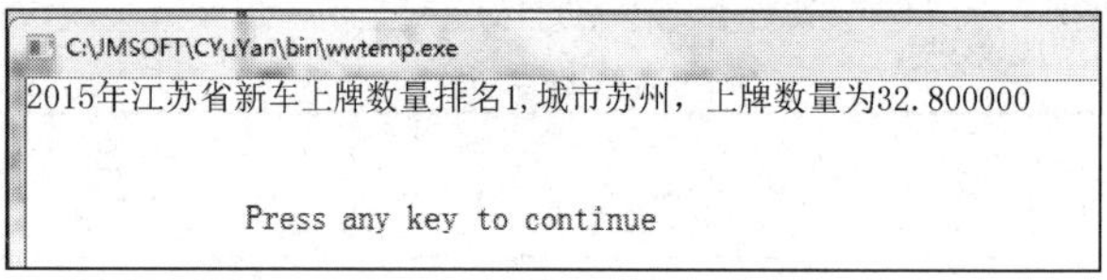

```
C:\JMSOFT\CYuYan\bin\wwtemp.exe
2015年江苏省新车上牌数量排名1,城市苏州, 上牌数量为32.800000

        Press any key to continue
```

```
C:\JMSOFT\CYuYan\bin\wwtemp.exe
一辆新能源汽车的基本数据为
驾驶员的驾驶证类型为A
车牌号码为苏E88888
汽车行驶速度为80km/h
累计里程15347.500000km
充放点次数为100次
目前处在4挡位
```

图 1-23　典型案例 1 的运行结果 　　　　　图 1-24　典型案例 2 的运行结果

1.3.4　任务分析与实践

代码如下：

```
#include "stdio.h"
void main()
```

```
{
    printf("####################\n");
    printf("欢迎来到车辆监控系统\n");
    printf("####################\n");
}
```

1.3.5 巩固练习

1. 编写程序，在显示器上输出如下语句。

```
安全情系生命，
文明创造和谐，
建设平安校园，
你我共同责任。
```

2. 编写程序，输出一名驾驶人员的信息，其中，驾驶员、18.5、1990、C用格式说明符表示。

```
我是一名驾驶员；
我的安全驾驶年限为18.5年；
我从1990年开始开车；
我的驾驶证类型为C型号。
```

3. 一个汽车4S店为长、宽均为150m，4S店内有一间仓库，长为18m，宽为12m，高为3.7m。编写程序，计算4S店的面积和仓库的面积。

```
==========   Welcome   ==========
The area is 22500
The room space is 216.000000
==========   Good-bye  ==========
```

同步训练

一、选择题

1. 程序员职业道德要严守商业秘密，代码、资料保密，不进行恶意泄露、破坏代码，严格遵守编程规范。请问编写正确代码、数组边界检查的目的是（   ）。
    A. 防止拒绝服务攻击　　　　　　B. 防止远程操纵
    C. 缓冲器溢出保护　　　　　　　D. 防止报文攻击

2. 在printf()函数中，要输出单个字符应使用的格式说明符（   ）。
    A. %d　　　　　B. %s　　　　　C. %f　　　　　D. %c

3. 一个完整的C语言程序（   ）。
    A. 由一个主函数或一个以上的非主函数组成
    B. 由一个主函数和零个以上（含零）的非主函数组成
    C. 由一个主函数和一个以上的非主函数组成
    D. 由一个主函数或多个非主函数组成

4．下列说法中正确的是（　　　）。

    A．main()主函数必须出现在所有函数之前

    B．main()主函数可以在任何地方出现

    C．main()主函数必须出现在所有函数之后

    D．main()主函数必须出现在固定位置

5．C 语言程序的基本单位是（　　　）。

    A．程序行   B．语句   C．函数   D．字符

6．一个 C 语言程序中有（　　　）主函数。

    A．0 个   B．且只有一个   C．2 个   D．不确定

二、填空题

1．C 语言程序总是从＿＿＿＿＿＿函数开始，而不论其在程序中的位置。

2．C 语言在 Visual C++6.0 环境中的扩展名是＿＿＿＿＿＿。

三、改错题

1．下面程序中有一处错误，找到并说明。

```
void main()
{
    printf("找找我错在哪");
}
```

2．下面程序中有一处错误，找到并说明。

```
#include"stdio.h"
void main()
{
    printf("你好！");
}
```

02 | 项目 2
车辆行驶状态显示（输入、输出）

学习目标

知识目标
- 熟悉输入/输出函数的格式。
- 熟悉 C 语言几种常用的数据类型、运算符和表达式
- 掌握标识符的命名规则。
- 掌握常量、变量的定义和引用规则。
- 掌握流程图的几种符号。

能力目标
- 能准确运用输入/输出函数。
- 能熟练运用数据类型之间的自动转换和强制转换。
- 能掌握算术运算符的使用规则、优先级和结合性。
- 能绘制出简单程序的流程图。
- 能掌握程序最基本的算法过程。

情景设置

本项目的功能主要包括车辆采集端进行车辆数据的采集、存储和发送；服务器接收端完成数据接收、呈现（输出）。通过输入函数实现与用户的简单交互，如输入车牌号显示汽车的运行状态。

任务 2.1 统计汽车的数量（printf()函数）

2.1.1 任务目标

已知 A 汽车公司第一季度生产新能源大型客车 5987 辆、物流车 1234 辆、公交车 2580 辆、轻型客车 7890 辆。计算该公司第一季度共生产了多少辆汽车。

程序运行结果如图 2-1 所示。

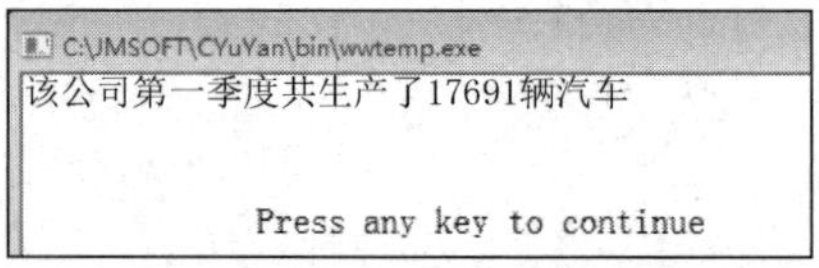

图 2-1　程序运行结果

2.1.2　知识储备

一个基本的程序应该包含数据描述和操作步骤两个方面的内容。计算机科学家尼古拉斯·沃思（Niklaus Wirth）提出了一个公式：

数据结构+算法=程序

在 C 语言中，数据类型是指用于声明不同类型的变量或函数的系统。

1. 数据类型

C 语言提供的数据结构是以数据类型形式出现的。在存放数据时，根据使用数据的类型定义不同类型。C 语言的基本数据类型如图 2-2 所示。

- 数据类型
  - 基本类型
    - 整型（int）
    - 实型或浮点型（float）
      - 单精度型（float）
      - 双精度型（double）
    - 字符型（char）
    - 枚举类型
  - 构造类型
    - 数组类型
    - 结构体类型
    - 共用体类型
  - 指针类型
  - 空类型

图 2-2　C 语言的基本数据类型

在 C 程序中，输出什么样的数据类型要使用什么样的格式说明符，另外需要注意数据类型的范围，否则会出错。

示例 1：通过 printf 语句输出 3.0、3、'a'。

```
#include "stdio.h"
void main()
{
   printf("%f,%d,%c",3.0,3,'a');
}
```

示例 2：运行以下程序，分析运行错误。

```
#include "stdio.h"
void main()
{
  printf("%f,%d,%c",5,7,b);
}
```

分析：第 4 行中的数字 5 是整数，%f 是实型，因此输出类型不匹配；b 作为字符必须加单引号。

2. 常量

常量是指在程序运行过程中其值不能被改变的量。

常量有以下几种类型。

（1）整型常量，如 10、-2、0 等。

（2）实型常量。它主要包含两种形式：第一种，十进制小数形式，由数字和小数点组成，如 34.56、-90.8 等；第二种，指数形式，如 45.78e5（代表 45.78×10^5）等，由于计算机输入或输出时无法表示上角或下角，因此规定以 E 或 e 代表以 10 为底的指数。

（3）字符常量。它主要包含两种形式：第一种，普通型字符，用单引号括起来，如'b'、'd'等；第二种，转义字符，以'\'字符开头的字符序列，如'\n'等。

（4）字符串常量。用双引号括起来的字符，如"234"、"a"等。

（5）符号常量。先用#define 指令，再指定一个符号名称代表一个常量，如"#define PI 3.1416"。

示例 3：计算一个半径为 3 的圆的面积。

```
#include"stdio.h"
#define PI 3.14
void main()
{
    double  r,s;
    r=3;
    s=PI*r*r;
    printf("圆的面积为%.2lf",s);
}
```

3. 变量

变量是指在程序执行过程中，其值可以改变的量。如同一个杯子，既可以装水，又可以装咖啡、牛奶或汽油，其变量图解如图 2-3 所示。

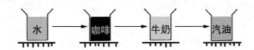

图 2-3　变量图解

变量定义命名有一定的规范。在 C 语言定义中，用于标识变量名、符号、数组、类型名、文件名等有效字符称为"标识符"。上面的常量 PI 也是一个标识符。标识符的命名规则如下。

（1）标识符中只能出现数学、大写/小写字母和下画线。

（2）标识符必须以字母或下画线开头。

（3）标识符不能与关键字相同。

（4）标识符需要"见名知义"。

注意：变量是标识符的一种，必须先定义后使用。

变量在使用过程中是有一定规则的，定义什么类型，就一般使用什么类型，输出什么类型，当定义的类型和输出的类型不一致时，程序的运行结果就会出错，这也是初学者常犯的错误。

定义变量的语法格式为：

类型名　　变量1,变量2,…,变量n;

变量的3个属性：变量名、变量值、变量类型

4. 常见的数据类型

根据我们日常的使用习惯，表2-1列出了一些常见的数据类型。

表 2-1 常见的数据类型

数据类型	符号	格式说明符	字节	位数	取值范围
无符号短整型	unsigned short	%d	2	16	$0\sim(2^{16}-1)$
短整型	short	%d	2	16	$-2^{15}\sim(2^{15}-1)$
无符号整型	unsigned int	%d	4	32	$0\sim(2^{32}-1)$
整型	int	%d	4	32	$-2^{31}\sim(2^{31}-1)$
无符号长整型	unsigned long	%ld	4	32	$0\sim(2^{32}-1)$
长整型	long	%ld	4	32	$-2^{31}\sim(2^{31}-1)$
单精度型	float	%f	4	32	$-10^{38}\sim10^{38}$
双精度型	double	%lf	8	64	$-10^{308}\sim10^{308}$
无符号字符型	unsigned	%d	1	8	$0\sim(2^{8}-1)$
字符型	char	%c	1	8	$-2^{7}\sim(2^{7}-1)$

5. 编程规范

在实际变量命名中，命名规则会根据各个公司内部规定而有区别。一般变量命名规则为类型和对应英文单词的组合，单词首字母大写或单词之间用下画线隔开。例如，fVeh_Speed、fVehSpeed分别由类型float的缩写f、车辆Vehicle和车速Speed的组合而成。

小贴士：

习惯上，符号常量命名采用大写字母，变量命名采用小写字母。在定义变量时，要确定正确的类型。

2.1.3 典型案例

典型案例1：已知 B 汽车运营公司共有 48377 辆汽车，目前正在运营的汽车数量为47342 辆，其他汽车都在维修中，计算维修的车辆数。

算法分析如下。

（1）定义变量：总车辆 Vehicle_SumNumber、运营车辆 Vehicle_Run、维修车辆 Vehicle_Repair。

（2）给总车辆和运营车辆赋值。

（3）计算维修车辆。

（4）输出维修车辆。

代码如下：

```
#include "stdio.h"
void main()
{
    int Vehicle_SumNumber, Vehicle_Run, Vehicle_Repair;    //定义变量
    Vehicle_SumNumber =48377;                               //给变量赋值
    Vehicle_Run =47342;
    Vehicle_Repair = Vehicle_SumNumber - Vehicle_Run;       //计算维修车辆
    printf("目前正在维修的车辆数为%d", Vehicle_Repair);     //输出维修车辆
}
```

典型案例 1 的运行结果如图 2-4 所示。

典型案例 2：已知 B 汽车运营公司共有 48377 辆汽车，为了保证公司业务的正常运营，售后维修部门必须有汽车数量的 1/80 的备用轮胎数量，计算维修部门的备用轮胎数量。

算法分析如下。

（1）定义变量：总车辆 Vehicle_SumNumber，备用轮胎数量 Vehicle_TyreNumber。

（2）给总车辆赋值。

（3）计算备用轮胎数量。

（4）输出备用轮胎数量。

代码如下：

```
#include "stdio.h"
void main()
{
    int Vehicle_SumNumber,Vehicle_TyreNumber;              //定义变量
    Vehicle_SumNumber=48377;                               //给变量赋值
    Vehicle_TyreNumber=Vehicle_SumNumber/80;               //计算备用轮胎数量
    //输出备用轮胎数量
    printf("目前维修部门的备用轮胎数量为%d", Vehicle_TyreNumber);
}
```

典型案例 2 的运行结果如图 2-5 所示。

图 2-4　典型案例 1 的运行结果　　　　图 2-5　典型案例 2 的运行结果

小贴士：

整除运算"/"对不同类型的运算数据会产生不同结果，因此，在编写程序时要注意。在 C 语言中，整数/整数=整数，如 7/3=2、3/4=0。

典型案例 3：编写程序，将数字字符'2'、'7'转换为相应的数字。

算法分析如下。

（1）定义数字字符。

（2）转换。

（3）输出。

代码如下：

```
#include "stdio.h"
void main()
{   char ch_Num1,ch_Num2;        //定义变量
    ch_Num1='2';                 //给变量赋值
    ch_Num2='7';
    ch_Num1=ch_Num1-'0';         //计算
    ch_Num2='7'-48;
    printf("第一个字符的整型数据%d\n",ch_Num1);     //输出
    printf("第二个字符的整型数据%d\n",ch_Num2);     //输出
}
```

典型案例 3 的运行结果如图 2-6 所示。

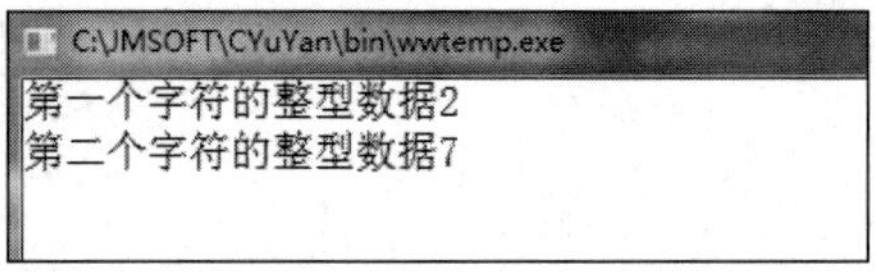

图 2-6 典型案例 3 的运行结果

小贴士：

字符型变量在运算过程中以 ACSII 码值来计算。

2.1.4 任务分析与实践

1）变量名命名

（1）新能源大型客车数量：uMotorVeh_No。

（2）物流车数量：uDeliveryVeh_No。

（3）公交车数量：uBus_No。

（4）轻型客车数量：uLightBus_No。

（5）汽车总数：uVeh_Sum。

2）算法分析

（1）定义变量。

（2）给变量赋值。

（3）求汽车总数量。

（4）输出汽车的数量。

代码如下：

```
#include "stdio.h"
```

```
void main()
{   int uMotorVeh_No,uDeliveryVeh_No,uBus_No,uLightBus_No,uVeh_Sum;
    uMotorVeh_No=5987;
    uDeliveryVeh_No=1234;
    uBus_No=2580;
    uLightBus_No=7890;
    uVeh_Sum=uMotorVeh_No+uDeliveryVeh_No+uBus_No+uLightBus_No;
    printf("该公司第一季度共生产了%d辆汽车",uVeh_Sum);
}
```

2.1.5　巩固练习

1. 编写程序，已知 4S 店目前有 45 个男性员工，宿舍是 4 人间，需要准备多少个宿舍（参考变量：男性员工 Male employee、宿舍人数 Number of hostel residents、宿舍数量 Number of dormitories）。

2. 编写程序，已知驾驶员 A 每月的工资为 5500 元，驾驶员 B 每月的工资为 7800 元，计算他们一年工资相差多少（参考变量：工资 salary、差额 difference）。

3. 编写程序，一辆新能源汽车 2019 年的保险金额为 3507.5 元，2020 年的保险金额为 3209.5 元，计算 2019 年—2020 年一共花费了多少保险金额（参考变量：保险 insurance）。

任务 2.2　计算客车总的载客人数（scanf()函数）

2.2.1　任务目标

已知某公交车队某品牌某款纯电动城市客车的额定载客人数为 56 人，从键盘上输入该车队的客车数量，计算客车总的载客人数。

程序运行结果如图 2-7 所示。

2.2.2　知识储备

在程序中，需要一些从外面输入的数据。下面就来介绍输入数据的输入/输出函数。

图 2-7　程序运行结果

1. scanf()函数（格式输入函数）

scanf()函数可以用于输入任何类型的多个数据，其语法格式为：

```
scanf(格式说明符, 变量地址列表);
```

功能：按用户指定的格式从键盘上把数据输入指定的变量中。

> **注意：**
> - "变量地址列表"由若干个地址组成，是变量地址，而不是变量名。
> - 输入数据只能是常量，不能是表达式。

- 当输入多个整型或实型数据时，可用空格、回车、制表符作为间隔。
- "格式说明符"中的普通字符原样输入。

举例：

```
scanf ("%d%d%d",&a,&b,&c);
scanf ("%d,%d,%d",&a,&b,&c);
```

2. printf()函数（格式输出函数）

在 C 语言中，一般都是按照默认类型输出数据的。但是，我们有时需要根据实际情况输出数据。例如，实型数一般默认显示小数点后 6 位，但是有时只需要显示小数点后 2 位。整数原来有 2 位，但是需要最终显示占 5 个字符位等，特殊格式显示如表 2-2 所示。

表 2-2　特殊格式显示

要求	格式
显示到小数点后 2 位的单精度类型	%.2f
显示到小数点后 1 位的双精度类型	%.1lf
双精度显示整数	%.0f
整型显示至少占 5 个字符位置左补空格	%-5d
整型显示至少占 4 个字符位置右补空格	%4d

小贴士：

输出函数的格式种类较多，需要按要求灵活掌握。

2.2.3　典型案例

典型案例 1：从键盘上输入某客车的累积行驶里程和使用年限，计算该客车平均每年的行驶里程。

算法分析如下。

（1）变量名命名：累积行驶里程 AccumulatedMileage、使用年限 ServiceYear、平均每年的行驶里程 AvgMileage。

（2）定义变量。

（3）输入累积行驶里程和使用年限。

（4）计算平均每年的行驶里程。

（5）输出平均每年的行驶里程。

代码如下：

```
#include "stdio.h"
void main()
{   int ServiceYear;
    double AccumulatedMileage,AvgdMileage;
    printf("请输入累积行驶里程");
    scanf("%lf",&AccumulatedMileage);
```

```
    printf("请输入使用年限");
    scanf("%d",&ServiceYear);
    AvgdMileage=AccumulatedMileage/ServiceYear;
    printf("平均每年的行驶里程为%lf",AvgdMileage);
}
```

典型案例 1 的运行结果如图 2-8 所示。

典型案例 2：已知某公交车队某品牌 A 款纯电动城市大型客车的载客人数为 36 人，B款纯电动城市小型客车的载客人数为 18 人，输入两款客车的数量，计算总的载客人数。

算法分析如下。

（1）变量名命名：大型客车载客人数 BVehicle_Loadnumber、小型客车载客人数SVehicle_Loadnumber、大型客车数量 BVehicle_Number、小型客车数量 SVehicle_Number、客车总的载客人数 Vehicle_SumLoadnumber。

（2）定义 5 个变量。

（3）输入大型客车和小型客车的数量。

（4）计算总的载客人数。

（5）输出总的载客人数。

代码如下：

```
#include "stdio.h"
void main()
{
    int BVehicle_Loadnumber=36,SVehicle_Loadnumber=18;
    int BVehicle_Number,SVehicle_Number,Vehicle_SumLoadnumber;
    printf("请输入大型客车的车辆数");
    scanf("%d",&BVehicle_Number);
    printf("请输入小型客车的车辆数");
    scanf("%d",&SVehicle_Number);
    Vehicle_SumLoadnumber=BVehicle_Number*BVehicle_Loadnumber+SVehicle_
Number*SVehicle_Loadnumber;
    printf("客车总的载客人数为%d",Vehicle_SumLoadnumber);
}
```

典型案例 2 的运行结果如图 2-9 所示。

图 2-8　典型案例 1 的运行结果　　　　图 2-9　典型案例 2 的运行结果

典型案例 3：从键盘上输入某客车平均每年的行驶里程和使用年限，计算该客车的累积行驶里程。

算法分析如下。

（1）变量名命名：累积行驶里程 AccumulatedMileage、使用年限 ServiceYear、平均每年的行驶里程 AvgdMileage。

（2）定义变量。

（3）输入平均每年的行驶里程和使用年限。

（4）计算累积行驶里程。

（5）输出累积行驶里程。

代码如下：

```
#include"stdio.h"
void main()
{
    int ServiceYear;
    double AccumulatedMileage,AvgdMileage;
    printf("请输入平均每年的行驶里程");
    scanf("%lf",&AvgdMileage);
    printf("请输入使用年限");
    scanf("%d",&ServiceYear);
    AccumulatedMileage=AvgdMileage*ServiceYear;
    printf("%d 年的累积行驶里程为%.2lf",ServiceYear,AccumulatedMileage);
}
```

典型案例 3 的运行结果如图 2-10 所示。

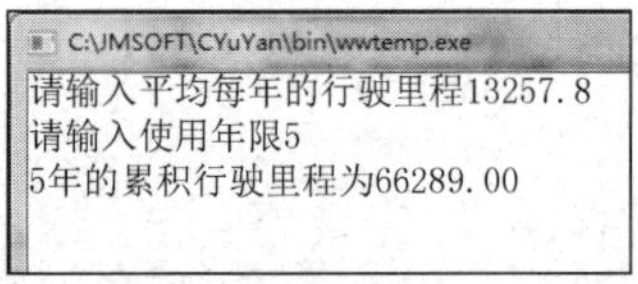

2.2.4 任务分析与实践

算法分析如下。

（1）变量名命名：客车的载客人数 Vehicle_Loadnumber、客车的数量 Vehicle_Number、客车总的载客人数 Vehicle_SumLoadnumber。

图 2-10 典型案例 3 的运行结果

（2）定义变量。

（3）输入客车的数量。

（4）计算。

（5）输出总的载客人数。

代码如下：

```
#include "stdio.h"
void main()
{
    int Vehicle_Loadnumber=56,Vehicle_Number,Vehicle_SumLoadnumber;
    printf("请输入客车的数量");
    scanf("%d",&Vehicle_Number);
    Vehicle_SumLoadnumber=Vehicle_Loadnumber*Vehicle_Number;
    printf("客车总的载客人数为%d",Vehicle_SumLoadnumber);
}
```

2.2.5 巩固练习

1. 编写程序，有一辆汽车历经了两个车主的使用，从键盘上输入两个车主的使用年限，计算目前这辆汽车总的使用年限（变量参考：车主 owner of a vehicle、使用年限 service life）。

2．编写程序，从键盘上输入车辆的单价和数量，计算所有车辆的总价格（变量参考：车辆的单价 Vehicle Price、车辆的数量 Number of vehicles、总价格 Vehicle costs）。

3．编写程序，从键盘上输入一个驾驶员的驾驶证类型，输出该驾驶证类型对应的小写字母（变量参考：大小写字母的 ACSII 码值相差 32 Type of driver's license）。

任务 2.3　统计需要的客车数量（算术运算符、强制转换）

2.3.1　任务目标

某公司承办某班级春游包车服务，要求从键盘上输入参加活动的学生人数及一辆客车的载客人数，计算该公司承接该服务需要多少辆客车。

程序运行结果如图 2-11 所示。

2.3.2　知识储备

C 语言的运算符范围很广。一些基本的运算符的功能与数学运算的功能相同，如 "+"、"-" 与 "*" 等，但是有些运算符不太一样，如 "=" 与 "==" 的区别，"/" 在数据为实型和整型时是不同的，"%" 的功能是求余数等。因此，用户在具体使用运算符时需要注意。

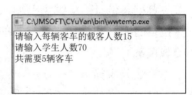

图 2-11　程序运行结果

1. 算术运算符

算术运算符包含以下 7 种基本类型。

+（加法运算符）：双目运算符。

-（减法运算符）：双目运算符。

*（乘法运算符）：双目运算符。

/（除法运算符）：双目运算符，"/"（整除）对 int、float、double 均适用，如 8.0/3.0。

%（求余运算符）：双目运算符，"%"（求余）只对 int 起作用。

++（自增运算符）：单目运算符。

--（自减运算符）：单目运算符。

小贴士：

自增运算符++可以将操作数加 1，自减运算符--可以将操作数减 1。语句 j=i++;和语句 j=++i;运行后有什么样的区别呢？简而言之，i++是先访问 i 再进行自增运算，而++i 则是先进行自增运算再访问 i 的值。

2. 赋值运算符

"="（等号）是赋值运算符，其功能是将一个常量或变量等赋值给一个变量。

示例 4：观察下面的程序，写出程序的运行结果。

```c
#include"stdio.h"
void main()
{   int dataA=2,dataB;
    dataB=20;                 //将 20 赋值给 dataB
    dataA*=dataB+1;           //等价于 dataA=dataA*(dataB+1);
    printf("dataA=%d,dataB=%d",dataA,dataB);
}
```

3. 运算符的优先级

在运行程序时，不同类型的数据要先转换成同一类型，再进行运算，其转换规则如图 2-12 所示。

2.3.3 典型案例

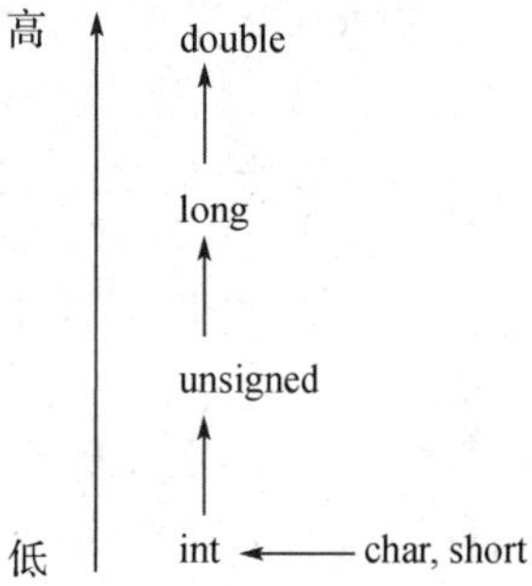

典型案例 1：从键盘上输入货物的重量和货车的载重量，计算拉货的次数和最后一次拉货的重量（货物的重量不能整除货车的载重量）。

算法分析如下。

（1）定义变量：货物的重量 Cargo_Quantity、货车的载重量 Truck_load、拉货次数 Pull_Number、最后一次拉货的重量 Final_load。

图 2-12 数据类型转换规则

（2）输入货物的重量和货车的载重量。

（3）计算拉货次数和最后一次拉货的重量。

（4）输出拉货次数和最后一次拉货的重量。

代码如下：

```c
#include"stdio.h"
#include "stdio.h"
void main()
{   int Cargo_Quantity,Truck_load,Pull_Number,Final_load;
    printf("请输入货物的重量(单位：吨)");
    scanf("%d",&Cargo_Quantity);
    printf("请输入货车的载重量");
    scanf("%d",&Truck_load);
    Pull_Number=Cargo_Quantity/Truck_load+1;
    Final_load=Cargo_Quantity%Truck_load;
    printf("货车需要拉%d 趟\n", Pull_Number);
    printf("最后一次需要拉%d 吨货物\n", Final_load);
}
```

典型案例 1 的运行结果如图 2-13 所示。

典型案例 2：从键盘上输入一个实型数，分别输出它的整数部分和小数部分。

算法分析如下。

（1）定义变量：实型数 Float_Number、整数部分 Int_Part、小数部分 Decimal_Part。

（2）从键盘上输入一个实型数。

（3）求整数部分。

（4）求小数部分。

（5）分别输出整数部分和小数部分。

代码如下：

```
#include "stdio.h"
void main()
{
double Float_Number,Decimal_Part;
    int Int_Part;
    printf("请输入一个实型数");
    scanf("%lf",&Float_Number);
    Int_Part=(int)Float_Number;
    Decimal_Part=Float_Number-Int_Part;
    printf("实型数的整数部分为%d,小数部分为%lf",Int_Part,Decimal_Part);
}
```

典型案例 2 的运行结果如图 2-14 所示。

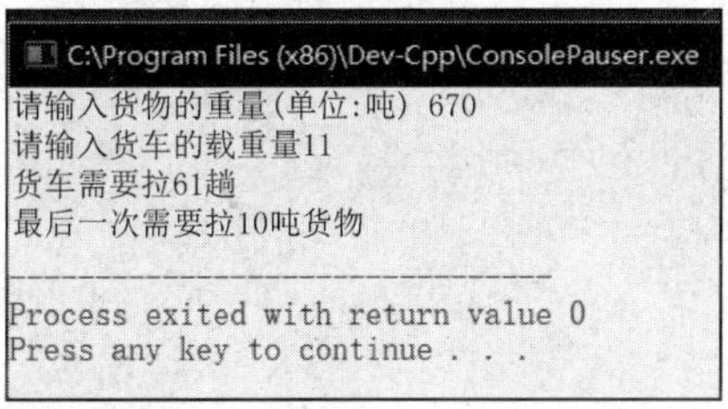

图 2-13　典型案例 1 的运行结果 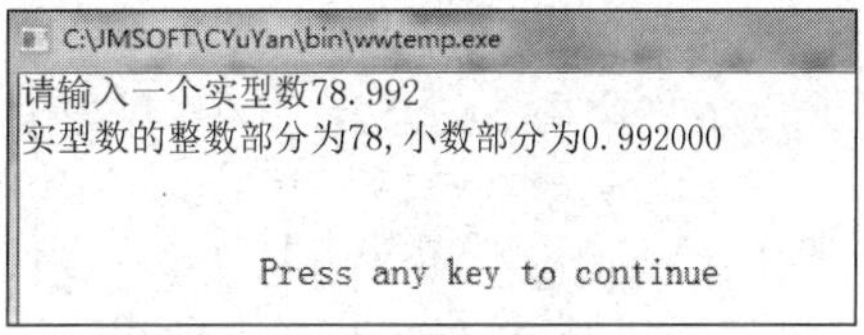　　　　图 2-14　典型案例 2 的运行结果

小贴士：

请大家将本题目中实型数的类型换成单精度型数，对比一下结果。

典型案例 3：编写程序，计算 $y=\sqrt{x}+5x+\dfrac{3}{x^2+3}$ 的值，其中自变量 x 的值从键盘上输入。

算法分析如下。

（1）定义变量：x、y。

（2）从键盘上输入 x 的值。

（3）计算 y 的值。

（4）输出 y 的值。

代码如下：

```
#include "stdio.h"
#include"math.h"
void main()
{
```

```
double x,y;
  printf("请输入 x 的值");
  scanf("%lf",&x);
  y=sqrt(x)+5*x+3/(x*x+2);
  printf("y 的值为%lf",y);
}
```

典型案例 3 的运行结果如图 2-15 所示。

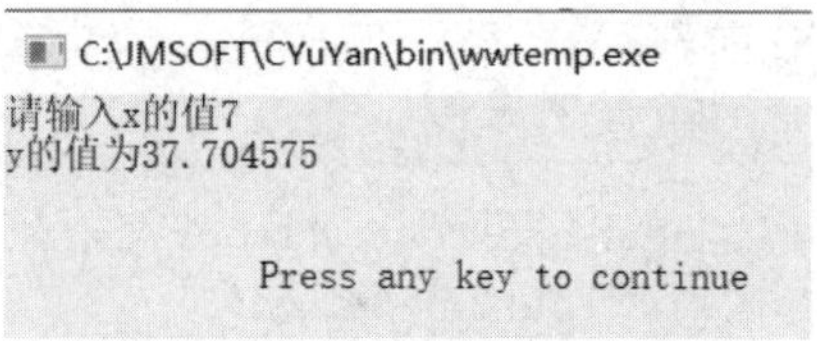

2.3.4 任务分析与实践

算法分析如下。

（1）定义变量：载客人数 Vehicle_Passenger、客车的数量 Vehicle_Number、学生人数 Student_Number。

（2）从键盘上输入载客人数、学生人数。

（3）计算需要客车的数量。

（4）输出需要客车的数量。

代码如下：

图 2-15 典型案例 3 的运行结果

```
#include "stdio.h"
void main()
{
int  Vehicle_Passenger,Vehicle_Number,Student_Number;
    printf("请输入每辆客车的载客人数");
    scanf("%d",&Vehicle_Passenger);
    printf("请输入学生人数");
    scanf("%d",&Student_Number);
    Vehicle_Number=Student_Number/Vehicle_Passenger+1;
    printf("共需要%d 辆客车",Vehicle_Number);
}
```

2.3.5 巩固练习

1．编写程序，一个驾驶员的工号为 4 位的整数，从键盘上输入一个驾驶员的工号，并输出工号各位数字之和（变量参考：工号 job number、个位 units、十位 tens、百位 hundreds、千位 thousands）。

2．编写程序，从键盘上输入一个驾驶员的身高（m）和体重（kg），计算这个驾驶员的体脂数（体脂数公式为 BIM=体重/（身高×身高）；变量参考：体重 weight、身高 heigh）。

3．编写程序，从键盘上输入一辆箱式货车箱长的长度、宽度、高度，计算它的容积（变量参考：长度 length、宽度 width、高度 high）。

4．一个驾驶员想要看一下天气温度，最初给出的是华氏温度，但他希望知道摄氏温度。编写程序，从键盘上输入华氏温度，计算摄氏温度（将华氏温度转化为摄氏温度的公式为 $C=5/9×（F-32）$）。

任务 2.4　输出降级后的驾驶证类型（字符的输入与输出）

2.4.1　任务目标

从键盘上输入驾驶员的驾驶证类型（高于 C 级），因为 1 个实习年度扣分超过 12 分被降 1 级，输出降级后的驾驶证类型。

2.4.2　知识储备

由于字符是按照整数形式存放的，因此字符型数据也可作为整数类型的一种，在使用过程中有其独特的特点。

1. 字符常量

C 语言的字符常量一般用单引号括起来，个数只能有一个字符，如'A'（A 字符）、'b'等。除了这种情况，C 语言还允许另一种特殊格式的字符常量，以'\'开头，如'\n'代表换行等。常用的以'\'开头的特殊字符如表 2-3 所示。

表 2-3　常用的以'\'开头的特殊字符

字符格式	功能
\n	换行
\t	横向跳格
\\	反斜杠字符"\"
\ddd	1 到 3 位 8 进制所代表的字符
\xhh	1 到 2 位 16 进制所代表的字符

2. 字符变量

用于存放字符类型，并且只能存放一个字符的变量称为"字符变量"。将一个字符常量放到字符变量中，实际上并不是把该字符本身放到存储单元中，而是将该字符对应的 ASCII 码值放到存储单元中。例如，'A'字符的 ASCII 码值为 65，在存储单元中存放的是十进制整数 65，所以一个字符既可以字符形式输出，又可以整数形式输出。当字符参与算术运算时，相当于对它的 ASCII 码值进行算术运算。

示例 5：观察下面的程序，写出程序的运行结果。

```
#include"stdio.h"
void main()
{
    char  chA=65,chB='A',chC;
    chC=chB+32;
    printf("chA=%d,chB=%d,ASCIIchC=%d,字符 chC=%c",chA,chB,chC,chC);
}
```

3. 字符输出函数 putchar()

printf()函数用于输出字符类型。

putchar()函数只能用于输出一个字符，其语法格式为：

```
putchar(c);
```

例如：

```
char a= 'A';
int  k=65;
putchar(a);
putchar(k);
putchar('A'+32);
putchar(65);
putchar('\101');
```

4. 字符输入函数 getchar()

scanf()函数用于输入字符类型。

getchar()函数只能用于输入一个字符，其语法格式为：

```
getchar ();
```

示例 6：观察下面的程序，猜测运行结果，并运行程序查看结果与猜测的是否一致。

```
#include"stdio.h"
void main()
{   char  chA,chB;
    chA=getchar();
    chB=chA+32;
    printf("chA=%d,chB=%c\n",chA,chB);
}
```

小贴士：

常用转义字符"\n"与"\t"经常应用于编程中，因此，我们一定要深刻理解其功能。

2.4.3 典型案例

典型案例 1：一个驾驶员原来的驾驶证类型为 C，他通过大客车的学习后升级了驾照类型（A），输出该驾驶员升级后的驾驶证类型。

算法分析如下。

（1）定义变量：驾驶证类型 Driver_LicenseType。

（2）输入驾驶证类型。

（3）Driver_LicenseType 变量的值减 2。

（4）输出升级后的驾驶证类型。

代码如下：

```
#include "stdio.h"
```

```
void main()
{
  char Driver_LicenseType;
  printf("请输入原有的驾驶证类型");
  Driver_LicenseType=getchar();
  Driver_LicenseType=Driver_LicenseType-2;
  printf("升级后的驾驶证类型为");
  putchar(Driver_LicenseType);
}
```

典型案例 1 的运行结果如图 2-16 所示。

典型案例 2：从键盘上输入一个大写字母，将其转换成小写字母并输出。

算法分析如下。

（1）定义变量：ch。

（2）输入大写字母。

（3）转换成小写字母。

（4）输出转换后的小写字母。

代码如下：

```
#include "stdio.h"
void main()
{
    int ch;
    printf("请输入一个大写字母");
    scanf("%c",&ch);
    ch=ch+32;
    printf("转换后的小写字母为%c",ch);
}
```

典型案例 2 的运行结果如图 2-17 所示。

图 2-16　典型案例 1 的运行结果　　　　图 2-17　典型案例 2 的运行结果

典型案例 3：从键盘上输入 3 个小写字母，输出这 3 个小写字母后面的一个小写字母。

1）方法一

算法分析如下。

（1）定义变量：ch1、ch2、ch3。

（2）输入 3 个小写字母。

（3）转换成后面的小写字母。

（4）输出转换后的 3 个小写字母。

代码如下：

```
#include"stdio.h"
void main()
```

```
{    char ch1,ch2,ch3;
     printf("请输入 3 个小写字母");
     scanf("%c%c%c",&ch1,&ch2,&ch3);
     ch1=ch1+1;
     ch2=ch2+1;
     ch3=ch3+1;
     printf("转换后的 3 个小写字母为");
     printf("ch1=%c,ch2=%c,ch3=%c",ch1,ch2,ch3);
}
```

上述程序的运行结果如图 2-18（a）所示。

注意： 当使用一个 scanf()函数输入多个字符时，在各字符之间不能用任何分隔符，因为系统将空格键、Tab 键、回车符等均作为合法字符。

2）方法二

算法分析如下。

（1）定义变量：ch1、ch2、ch3。

（2）输入第 1 个字母。

（3）转换成后面的字母。

（4）输入第 2 个字母。

（5）转换成后面的字母。

（6）输入第 3 个字母。

（7）转换成后面的字母。

（8）输出转换后的 3 个字母。

代码如下：

程序 1：

```
#include"stdio.h"
void main()
{    char ch1,ch2,ch3;
     printf("请输入第一个小写字母");
     ch1=getchar();
     getchar();
     printf("请输入第二个小写字母");
     ch2=getchar();
     getchar();
     printf("请输入第三个小写字母");
     ch3=getchar();
     getchar();
     printf("转换后的 3 个小写字母为");
     ch1=ch1+1;
     ch2=ch2+1;
     ch3=ch3+1;
     putchar(ch1);
     putchar(ch2);
     putchar(ch3);
}
```

上述程序的运行结果如图 2-18（b）所示。

注意：getchar();语句用于是接收输入字符后的回车符。

程序 2：

```
#include"stdio.h"
void main()
{    char ch1,ch2,ch3;
    printf("请输入第一个小写字母");
    scanf("%c",&ch1);
    printf("请输入第二个小写字母");
    scanf(" %c",&ch2);        //"%c"前面的空格用于接收回车键
    printf("请输入第三个小写字母");
    scanf(" %c",&ch3);
    ch1=ch1+1;
    ch2=ch2+1;
    ch3=ch3+1;
    printf("转换后的 3 个小写字母为");
    printf("ch1=%c,ch2=%c,ch3=%c",ch1,ch2,ch3);
}
```

上述程序的运行结果如图 2-18（c）所示。

（a）程序的运行结果　　　（b）程序的运行结果　　　（c）程序的运行结果

图 2-18　典型案例 3 的运行结果

2.4.4　任务分析与实践

算法分析如下。

（1）定义变量：驾驶证类型 Driver_LicenseType。

（2）输入驾驶证类型。

（3）降级驾驶证。

（4）输出降级后的驾驶证类型。

代码如下：

```
#include "stdio.h"
void main()
{
  char Driver_LicenseType;
  printf("请输入原有的驾驶证类型");
  Driver_LicenseType=getchar();
  Driver_LicenseType=Driver_LicenseType++;
  printf("降级后的驾驶证类型为");
  putchar(Driver_LicenseType);
}
```

2.4.5　巩固练习

1. 编写程序，一个驾驶员在输入年龄时错误地输入 2 个字符数据，请将其转换成相应的整数，输出他的实际年龄（变量参考：年龄 age）。

2. 编写程序，从键盘上输入一个驾驶员的驾驶证类型，输出其对应的小写字母（变量参考：驾驶证类型 Driver_LicenseType）。

3. 编写程序，从键盘上输入一个三角形警示牌的三边长度（单位 cm），计算其面积（变量参考：三边长度 length、面积 area）。

任务 2.5　绘制驾驶证考试的流程图

2.5.1　任务目标

通过驾驶证考试流程图显示获得驾驶证的过程。如果要按期拿到驾驶证，就需要通过科目一、科目二、科目三、科目四，每个科目最多有 5 次机会。

2.5.2　知识储备

1. 算法的定义

为了解决一个问题而采取的方法和步骤称为"算法"。

2. 算法的特征

（1）有穷性：算法的步骤是有限的。

（2）确定性：算法中的每一个步骤都应当是确定的，不能产生歧义。

（3）可行性：算法的每一步必须是切实可行的。

（4）有输入：有 0 个或多个输入。

（5）有输出：有 1 个或多个输出。

3. 算法的表示

（1）自然语言表示算法。

算法可以用自然语言来描述。自然语言就是人们日常使用的语言，可以是汉语、英语或其他各种语言；其优点是使程序通俗易懂，便于人们理解；缺点是文字冗长，容易产生歧义，特别是在表达条件判断和循环算法时，很难表述清楚。

（2）用流程图表示算法。

流程图是流经一个系统的信息流、观点流或部件流的图形代表。程序流程图（以下简称"流程图"）表示程序中的操作顺序，其元素符号如下。

• 指明实际处理操作的处理符号，它包括根据逻辑条件确定要执行路径的符号。

• 指明控制流的流线符号。

• 便于读写流程图的特殊符号。

流程图符号用法如表 2-4 所示。

表 2-4　流程图符号用法

形状	名称	功能
圆角矩形	起止框	程序的开始或结束标识
菱形	判断框	对一个给定的条件进行判断，根据条件是否成立决定如何执行其后操作
平行四边形	输入/输出框	变量的输入、输出
开放矩形	注释框	解释、说明
矩形	执行框	执行语句
圆点	连接点	可以避免流程线的交叉或过长，使流程图更加清晰
线条	流程线	表示流程图的路径和方向

（3）N-S 结构图表示算法。

人们对传统的流程图进行改进，先规定几种基本结构，再对这些基本结构按照一定规律组成算法结构，整个算法结构自上而下地将各个基本结构按顺序排列起来。

将流程图中的流程线去掉，基本结构之间顺序组合表示，构造出一种新的流程图——N-S 结构图。N-S 结构图中取消了带箭头的流程线，每种结构用一个矩形框表示。单分支 N-S 结构图如图 2-19 所示。

（4）用伪代码表示算法。

伪代码是由自然语言和类编程语言组成的混合结构。

伪代码必须结构清晰、代码简单、可读性好，并且类似自然语言，介于自然语言与编程语言之间。

以编程语言的书写形式指明算法功能，使用伪代码描述算法，不用拘泥于具体实现，可以让程序员很容易地将算法转换成程序，还可以避开不同程序语言的语法差别。

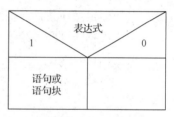

图 2-19　单分支 N-S 结构图

4．3 种基本程序控制结构

C 语言有 3 种基本程序控制结构，分别为顺序结构、选择结构与循环结构，其流程图如图 2-20～图 2-22 所示。

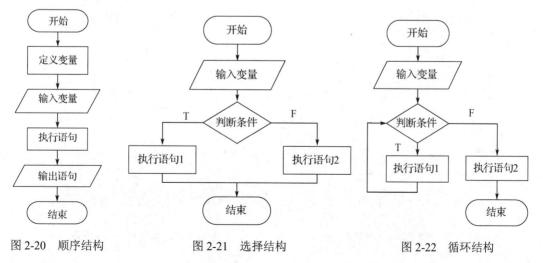

图 2-20　顺序结构　　图 2-21　选择结构　　图 2-22　循环结构

小贴士：

C 语言中的 3 种基本程序控制结构是构成 C 语言程序开发的基础，也是构成大多数语言开发的语法规则。

2.5.3 典型案例

典型案例 1：大型客车驾驶员的工资等级分为四级，连续 10 年无事故为一级，满 8 年无事故为二级，满 5 年无事故为三级，其余为四级。要求输入驾驶员的无事故年限，输出工资等级，根据要求绘制流程图。

算法分析如下。

（1）确定判断条件。

（2）根据题目内容绘制流程图。

根据题目要求，绘制流程图，如图 2-23 所示。

典型案例 2：B 企业有 120 人，目前需要将所有人从 B 企业运送到 A 企业，只有一辆可容纳 32 人的大型客车，运用流程图绘制出一辆大型客车运送人员的过程。

算法分析如下。

（1）确定循环条件：把所有人运送完为止。

（2）根据题目要求绘制流程图。

根据题目要求，分析需要使用的循环结构并绘制流程图，如 2-24 所示。

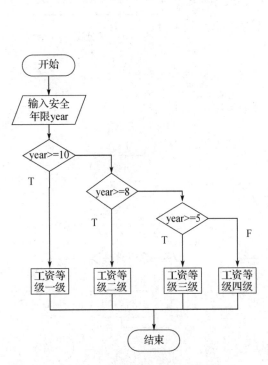

图 2-23　典型案例 1 的流程图

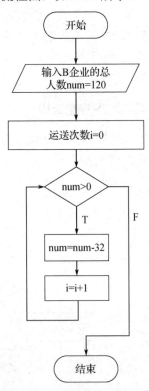

图 2-24　典型案例 2 的流程图

2.5.4　任务分析与实践

算法分析如下。

（1）将任务进行拆分。

（2）该任务要求每个科目可以进行 5 次考试，使用循环语句来完成。

（3）通过前一个科目后才能进行下一个科目，使用判断语句来完成。

根据分析驾驶证考试的流程，在完成时建议首先考虑科目一流程图如何绘制，分析完成后，后面科目流程图的绘制方法与前面科目流程图的绘制方法类似。绘制驾驶证考试的流程图如 2-25 所示。

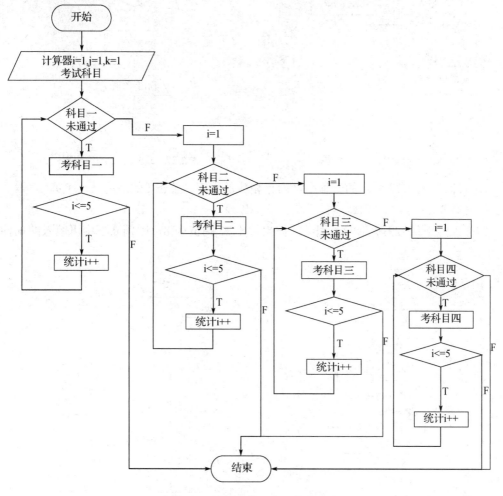

图 2-25　绘制驾驶证考试的流程图

2.5.5　巩固练习

一、选择题

1. 根据如图 2-26 所示的流程图，输出 S 的值为（　　　）。

　A．3/4　　　　　　　B．5/6　　　　　　　C．11/12　　　　　　　D．25/24

2．根据如图 2-27 所示的流程图，当 x=6 时，输出 y 的值为（   ）。

   A．1   B．2   C．5   D．10

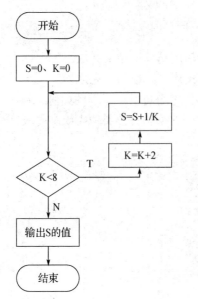

图 2-26　选择题 1 的流程图　　　　图 2-27　选择题 2 的流程图

3．根据如图 2-28 所示的流程图，运行相应的程序，输出 i 的值为（   ）。

   A．2   B．3   C．4   D．5

4．根据如图 2-29 所示的流程图，如果输出 K 的值为 8，则判断框中可填入的条件是（   ）。

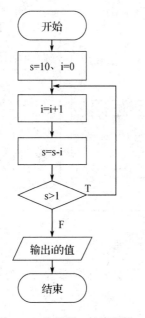

图 2-28　选择题 3 的流程图　　　　图 2-29　选择题 4 的流程图

   A．S<=3/4   B．S<=5/6   C．S<=11/12   D．S<=25/24

5. 根据如图 2-30 所示的流程图，如果输入的 x∈R 且 y∈R，那么输出的 s 的最大值为（　　）。

　　A．0　　　　　　　B．1　　　　　　　C．2　　　　　　　D．3

6. 根据如图 2-31 所示的流程图，如果输入的 t∈[-2,2]，则输出的 s 的值为（　　）。

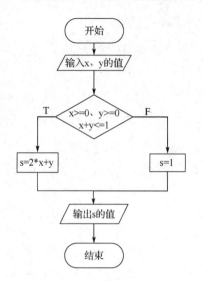

图 2-30　选择题 5 的流程图

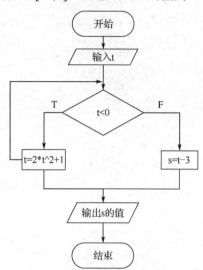

图 2-31　选择题 6 的流程图

　　A．[-6,-2]　　　　B．[-5,-1]　　　　C．[-4, 5]　　　　D．[-3, 6]

二、绘制流程图

1. 目前，有一个学生需要从学校到苏州火车站，过程为宿舍、4 号支线地铁、苏州火车站。请用流程图绘制出这个学生到达火车站的过程。

2. 目前，有一个学生需要从学校到苏州火车站，当他从宿舍开始时，可以选择打车到达苏州火车站，也可以乘坐 4 号支线地铁到达苏州火车站。请用流程图绘制出这个学生到达苏州火车站可能的过程。

3. 从键盘上输入两个数据 A、B，交换后输出 A、B 的值。如果 A>B，则不交换 A、B 的值，否则交换 A、B 的值。请用流程图绘制出该题目的实现过程。

同步训练

一、选择题

1. 已知 int a=13，那么 printf("%1d",a)结果是（　　）。

　　A．13　　　　　　B．013　　　　　　C．01　　　　　　　D．03

2. 逻辑运算符两侧的运算对象的数据类型（　　）。

　　A．只能是 0 和 1　　　　　　　　B．只能是 0 或非 0 正数

　　C．只能是整型或字符型数据　　　　D．可以是任何类型的数据

3. 下面正确的字符常量是（　　）。

    A. "c"　　　　　　B. "\\"　　　　　　C. 'A'　　　　　　D. "K"

4. 以下程序的运行结果为（　　）。

```
#include <stdio.h>
void main( )
{
        int num1,num2,sum;
        num1=14;num2=15;
        sum=num1+num2;
        printf("两数之和 sum=%d\n",sum);
   }
```

    A. sum=9　　　　　　　　　　B. sum=9.0

    C. 两数之和 sum=29　　　　　　D. 两数之和 sum=9.0

5. 有以下程序：

```
#include "stdio.h"
void main()
{
  char a,b,c;
  a='B';b='O';c='Y';
  putchar(a);
  putchar(b);
  putchar(c);
  putchar('\n');
  putchar(66);
  putchar(79);
  putchar(89);
  putchar(10);
}
```

运行结果为（　　）。

    A. boy　　　　　B. BOY　　　　　C. BOY　　　　　D. boy

      boy　　　　　　　BOY

6. 下面关于格式输入函数 scanf()叙述正确的是（　　）。

    A. 输入项可以是 C 语言中规定的任何变量，并且在任何变量前必须添加地址符号 "&"

    B. 可以只有格式说明符，没有地址列表项

    C. 在输入数据时，必须规定精度，如 scanf("%4.2f",&d)

    D. 当输入数据时，必须指明变量地址

7. 已知有变量定义 int a;char c;，使用 scanf("%d%c",&a,&c);语句给变量 a 和 c 输入数据，把 30 赋值给变量 a，字符'b'赋值给变量 c，则正确的输入是（　　）。

    A. 30'b'<回车>　　　　　　　　B. 30 b<回车>

    C. 30<回车>b<回车>　　　　　　D. 30b<回车>

8. 如果整型变量 i 的值为 2，则表达式(++i)+(++i)+(++i)的值为（　　　）。

    A．6　　　　　　　　　　　　B．13

    C．15　　　　　　　　　　　　D．表达式出错

9. 下面书写规范的语句是（　　　）。

    A．char c=A;　　　　　　　　B．char c="A";

    C．putchar(\n);　　　　　　　D．char c='A';

10. 下面一组运算符中优先级最低的运算符是（　　　）。

    A．*　　　　　　B．!=　　　　　　C．+　　　　　　D．=

11. 已知有定义 int a=7; float x=2.5;y=4.7;，表达式 x+a%3*(int)(x+y)%2/4 的值为(　　　)。

    A．2.500000　　　B．2.750000　　　C．3.500000　　　D．0.000000

12. 设有说明 char w; int x; float y; double z;，则表达式 w*x+z-y 的值的数据类型为（　　　）。

    A．float　　　　　B．char　　　　　C．int　　　　　D．double

13. 已知变量 a 为 int 型、b 为 char 型、c 为 float 型，要给变量 a、b、c 输入数据。下面正确的输入语句是（　　　）。

    A．scanf(%d%c%f,&a,&b,&c);　　　　B．scanf(%d%d%d,&a,&b,&c);

    C．scanf(%d%c%f,a,b,c);　　　　　　D．printf(%d%c%f,&a,&b,&c);

二、填空题

1. 以下程序的运行结果为＿＿＿＿。

```
#include <stdio.h>
void main( )
{
    int num1,num2,sum;
    num1=11;num2=25;
    sum=num1+num2;
    printf("两数之和是:%d\n",sum);
}
```

2. 以下程序的运行结果为＿＿＿＿。

```
#include <stdio.h>
void main( )
{
    int num1,num2,num;
    num1=4;num2=5;
    num=num1/num2;
    printf("num=%d\n",num);
}
```

3. 从键盘上输入数据，再将其输出，请填空。

```
# include <stdio.h>
void main(void)
```

```
{
    int i;
    scanf("%d", _____);
    printf("i = %d\n", i);
}
```

4. 以下程序的运行结果为_____。

```
#include  "stdio.h"
void  main()
{
int i,j,m,n;
i=8;j=10;
m=++i;
n=j++;
printf("%d,%d,%d,%d\n",i,j,m,n);
}
```

分析一下，把++放在变量前面和后面有什么区别。

5. 以下程序的运行结果为_____。

```
# include "stdio.h"
void main ()
{
int a=2,b,c,d;
b=++a+4;
c=3*a++;
d=a--*3;
printf ("a=%d,b=%d,c=%d,d=%d",a,b,c,d);
}
```

6. 以下程序的运行结果为_____。

```
# include "stdio.h"
void main()
{
float x; int i;
x=3.6;  i=(int)x;
printf("x=%f,i=%d\n",x,i);
}
```

7. 以下程序的运行结果为_____。

```
# include "stdio.h"
void main()
{ int a=2;
    a%=4-1;
    printf("%d, ",a);
    a+=a*=a-=a*=3; printf("%d",a);
}
```

8．有以下程序，输入大写字母 B 后，程序的运行结果为_____。

```
#include "stdio.h"
void main()
{
    char c;
    putchar(c=getchar()+32);
    putchar('\n');
}
```

三、编程题

1．编写程序，从键盘上输入一辆汽车的车牌号的后 4 位数，求它的逆数（参考变量：车牌号 license_plate、逆数 inverse_number）。

2．某家新能源企业的工资计算公式为：工资=固定月薪/20.92×实际出勤天数+固定月薪/20.92/8×1.5×平时加班工时+固定月薪/20.92/8×2×周末加班工时。编写程序，从键盘上输入某员工 9 月的固定月薪、实际出勤天数、平时加班工时、周末加班工时，计算他 9 月的总工资（参考变量：固定月薪 fixed_salary、出勤天数 ycqts、平时加班工时 extra_hour、周末加班工时 weekend_task_time）。

3．从键盘上输入 3 位数，判断是否可以组成三角形。如果可以，则计算并输出该三角形的面积；如果不满足条件，则输出"不满足条件"。根据要求绘制出流程图。

03 项目 3
车辆数据类型选择（选择结构）

学习目标

知识目标
- 熟悉 if 语句和 switch 语句的定义和使用。
- 理解 if 语句和 switch 语句的嵌套。

能力目标
- 能基本利用 C 语言流程控制语句设计选择结构程序。
- 能熟练运用 if 语句、switch 语句及选择语句的嵌套编写程序。
- 能准确运用选择语句编写简单程序。

情景设置

　　智能车辆监控系统采集的车辆数据源具有多种数据类型，如来自车辆总线中的车况数据、位置所需的 GPS 数据及车辆运行的外部环境数据等。在数据通信协议中，这些不同类型的数据通过数据包进行组织，如车辆电池、发动机、驱动电机运行参数均通过一个数据包发送。在服务器数据接收端，要对不同的数据包进行区分并加以处理，如进行解密，此场景主要采用选择结构（if…else/switch…case）来实现。

任务 3.1　新能源汽车电池型号的选择（单分支语句）

3.1.1　任务目标

　　通过键盘输入新能源汽车的电池型号，如果输入 1，则输出"使用铅酸电池"。

　　程序运行结果如图 3-1 所示。

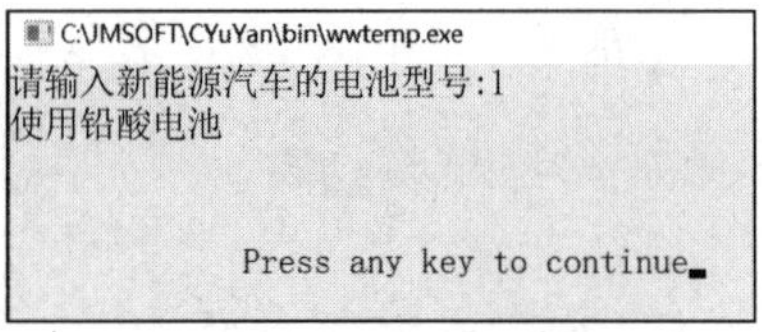

图 3-1　程序运行结果

3.1.2　知识储备

在日常生活中，总会出现根据条件来判定结果的情况。例如，如果今天下雨，那么出门需要带雨伞。在程序中，出现这种情况就要采用选择结构。

1．if 语句

if 语句的语法格式为：

```
if（条件）
    语句1;
[else
    语句2;]
```

说明：[ ]格式代表可省略。在实际使用时，[ ]中的内容也可以省略。

C 语言的选择结构是通过条件判断语句来实现的，模块化的结构便于用户阅读、调试和修改。选择结构由两种方式来实现：第一种，由 if 语句来实现的两分支语句；第二种，由 switch 语句来实现的多分支语句。在选择结构中要对条件判断表达式进行判断，根据判断的结果决定选择哪一个分支路径。条件判断表达式在大多情况下由关系表达式或逻辑表达式构成。选择结构的 3 种流程图如图 3-2 所示，其中，图 3-2（a）为单分支结构，图 3-2（b）为双分支结构，图 3-2（c）为多分支结构。

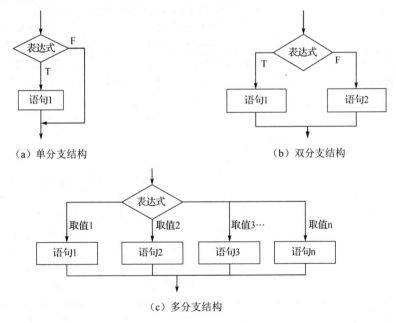

（a）单分支结构　　　　　　　　　　　（b）双分支结构

（c）多分支结构

图 3-2　选择结构的 3 种流程图

2．关系运算符与优先顺序

关系运算符<、<=、>、>=、==、!=分别被称为小于、小于或等于、大于、大于或等于、等于、不等于。关系运算符与关系表达式的说明如表 3-1 所示。

表 3-1　关系运算符与关系表达式的说明

名称	说明
关系运算符	系统提供了以下 6 种关系运算符。 • <：小于，双目运算符，优先级为第 6 级。 • <=：小于或等于，双目运算符，优先级同上。 • >：大于，双目运算符，优先级同上。 • >=：大于或等于，双目运算符，优先级同上。 • ==：等于，双目运算符，优先级为第 7 级。 • !=：不等于，双目运算符，优先级同上
关系表达式	用关系运算符将两个表达式连接起来的式子称为"关系表达式"。 例如，3>2、x+y>x+z、x>y==z、z=x>y、'c'<'d'等都是关系表达式
关系表达式的值	关系表达式的值是一个逻辑值，即"真"（T）或"假"（F）。如果关系成立，则为"真"（T），值为 1；如果关系不成立，则为"假"（F），值为 0

3. 逻辑运算符及其优先级

C 语言主要提供了逻辑与、逻辑或、逻辑非 3 种逻辑运算符，具体的使用与说明如表 3-2 所示。

表 3-2　逻辑运算符的使用与说明

名称	说明
逻辑运算符	C 语言提供了以下 3 种逻辑运算符。 • "!"：逻辑非是单目运算符，优先级为第 2 级。例如，!3。 • "&&"：逻辑与是双目运算符，优先级为第 11 级。例如，0&&1。 • "||"：逻辑或是双目运算符，优先级为第 12 级。例如，'a'||'b'
逻辑表达式	用逻辑运算符将关系表达式或逻辑量（0、1）连接起来的式子称为"逻辑表达式"。例如，a>b&&x>y、0&&1、2||9&&0、4-!3&&'c'、'a'||'b'、3.5&&4.8 等都是逻辑表达式
逻辑表达式的值	逻辑表达式的值也是一个逻辑值，即"真"（T）或"假"（F）。当为"真"（T）时，值为 1；当为"假"（F）时，值为 0。当运算对象取不同的逻辑值时，逻辑运算真值表如表 3-3 所示 表 3-3　逻辑运算真值表 | a	b	!a	!b	a&&b	a||b | |---|---|---|---|---|---|
1	1	0	0	1	1
1	0	0	1	0	1
0	1	1	0	0	1
0	0	1	1	0	0	

4. 运算符的优先级

C 语言中运算符的运算优先级共分为 15 级。第 1 级最高，第 15 级最低。在表达式中，优先级较高的先于优先级较低的进行运算。具体运算等级见附录 A。一个表达式中可能包含多种不同数据类型的数据及运算符，不同的运算顺序可能得出不同结果，甚至出现错误运算。因此，用户必须按一定顺序进行结合，才能保证运算的合理性，以及结果的正确性、唯一性。当一个运算量两侧的运算符优先级相同时，按运算符的结合性所规定的结合方向处理。C 语言中各运算符的结合性分为两种，即左结合性（从左到右）与右结合性（从右到左）。程序中运算符的优先级如图 3-3 所示。

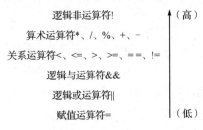

图 3-3　运算符的优先级

5. if 单分支语句格式

在选择结构中，一般我们把满足条件后执行一种结果，没有 else 的选择结构称为"if 单分支语句"。

if 单分支语句的语法格式为：

```
if (表达式)
{
  语句 1；
  语句 2；
  …
}
```

if 单分支语句流程图如图 3-4（a）所示。N-S 结构图如图 3-4（b）所示。

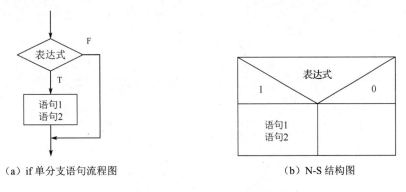

（a）if 单分支语句流程图　　　　　　　　（b）N-S 结构图

图 3-4　单分支语句流程图

小贴士：

　　这种自左至右的结合方向称为"左结合性"。而自右至左的结合方向称为"右结合性"。C 语言中不少运算符具有右结合性，应注意区别，以避免用户理解错误。

示例 1：计算关系表达式的值。

```
#include <stdio.h>
void main( )
```

```
{
    int x=1,y=2,z=3;
    printf("%d\n",3>2);
    printf("%d\n",2>3);
    printf("%d\n",x+y>x+z);
    printf("%d\n",x>y==z);
    printf("%d\n",z=x>y);
    printf("%d\n",'c'<'d');
}
```

示例 1 的运行结果如图 3-5 所示。

解析：本例题为关系表达式的应用。第一条输出语句为计算 3>2 的值，关系表达式运算结果为"真"或"假"，"真"为 1，"假"为 0，由于 3>2 成立，因此结果为"真"，即值为 1。

第二条输出语句计算 2>3 的值，由于 2>3 不成立，因此结果为"假"，即值为 0。

第三条输出语句中算术运算符"+"的优先级高于关系运算符">"的优先级，先进行加法，再比较大小。先计算 x+y=1+2=3、x+z=1+3=4，再得到 3>4 的运算结果为"假"，即值为 0。

第四条输出语句中关系运算符">"的优先级高于"=="的优先级，先计算 x>y（也就是 1>2），其结果为"假"，即值为 0，再比较 0==3，其结果为假，即值为 0。

第五条输出语句中关系运算符">"的优先级高于赋值运算符"="的优先级，先比较 x>y（也就是 1>2），其结果为"假"，即值为 0，再将 0 赋值给 z，输出 z 的值为 0。

第六条输出语句为比较两个字符'c'和'd'，字符'c'的 ASCII 码值小于字符'd'的 ASCII 码值，其结果为"真"，即值为 1。

示例 2：计算逻辑表达式的值。

```
#include <stdio.h>
void main( )
    {
    int x=1,y=2 ,a=1,b=2,c=3,d=4,m=1,n=1;      //定义整型变量
    printf("%d\n",0&&x||y);                      //输出逻辑表达式的值
    printf("%d\n",2||9&&0);
    printf("%d\n",4-!3&&'c');
    printf("%d,%d,%d\n",(m=a>b)&&(n=c>d),m,n);
    printf("%d,%d,%d\n",(m=d>c)||(n=c>d),m,n);
}
```

示例 2 的运行结果如图 3-6 所示。

图 3-5　示例 1 的运行结果　　　　　图 3-6　示例 2 的运行结果

解析：

本例题为逻辑表达式的应用。第一条输出语句根据逻辑运算符"&&"的优先级高于"||"的优先级，先进行 0&&x 运算（x 的值为 1），结果为 0，再进行 0||y 运算（y 的值为 2，非零值），结果为 1。

第二条输出语句的求解过程同第一条。

第三条输出语句中逻辑非运算符"!"的优先级最高，先进行求解!3，结果为 0，再进行算术运算符的求解 4-0，结果为 4，最后进行 4&&'c'运算，两个非零值进行逻辑与运算，结果为 1。

第四条输出语句按照从左到右的顺序计算，先进行关系运算 a>b，将结果 0 赋值给 m，由于 0&&任意值运算的结果均为 0，因此后面部分不用再进行计算，直接输出表达式的值，即 0，m 的值为 0，n 的值没有计算保持原始数据 1，因此输出结果为 0,0,1。

第五条输出语句的求解过程同第四条。

> **注意**：C 语言中由"&&"或"||"构成的逻辑表达式在某些情况下会产生"短路"现象。

例如，a&&b&&c，如果 a 为"假"，就不必判别 b 和 c；如果 a 为"真"、b 为"假"，就不必判别 c。

又如，a||b||c，如果 a 为"真"，就不必判别 b 和 c；只有 a 为假，才判别 b；只有 a 和 b 都为"假"，才判别 c。

示例 3：任意输入 3 个数 a、b、c，求这 3 个数中的最大值 max。

算法分析如下。

（1）定义变量。

（2）输入变量的值。

（3）比较并输出结果。

示例 3 的流程图如图 3-7 所示。

```
#include <stdio.h>
void main()
{ int num_a,num_b,num_c,max;
  printf("请输入 3 个数据");
    max=num_a;
  if (max<num_b)
    max=num_b;
  if (max<num_c)
    max=num_c;
  printf("最大值为%c",max);
}
```

3.1.3 典型案例

典型案例 1：对纯电动客车可以通过电池容量查询其续航里程，当从键盘上输入电池容量（27kW·h）时，显现它的续航里程为200km。

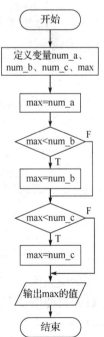

图 3-7　示例 3 的流程图

算法分析如下。

（1）定义变量：电池容量 Battery_capacity、续航里程 Limited_mileage。

（2）输入电池容量。

（3）判别显示。

（4）输出电池容量。

典型案例 1 的流程图如图 3-8 所示。

代码如下：

```c
#include "stdio.h"
void main()
{
    double Battery_capacity,Limited_mileage;
    printf("请输入电池容量");
    scanf("%lf",&Battery_capacity);
    if(Battery_capacity==27)
    {  Limited_mileage=200;
       printf("续航里程为%lf",Limited_mileage);
    }
}
```

典型案例 1 的运行结果如图 3-9 所示。

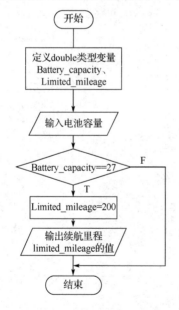

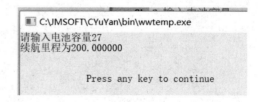

图 3-8　典型案例 1 的流程图　　　　图 3-9　典型案例 1 的运行结果

典型案例 2：对纯电动客车可以通过续航里程查询其所需要的电池容量，要求从键盘上输入该纯电动客车需要的续航里程（如果大于或等于 550km），输出此时对应的电池容量 80kW·h。

算法分析如下。

（1）定义变量：电池容量 Battery_capacity、续航里程 Limited_mileage。

（2）输入续航里程。

（3）判别显示。

（4）输出电池容量。

典型案例 2 的流程图如图 3-10 所示。

代码如下：

```c
#include "stdio.h"
void main()
{
  double Battery_capacity,Limited_mileage;
  printf("请输入续航里程为");
  scanf("%lf" ,&Limited_mileage);
  if(Limited_mileage>=550)
  {
    Battery_capacity=80;
    printf("电池容量为%lf",Battery_capacity);
  }
}
```

典型案例 2 的运行结果如图 3-11 所示。

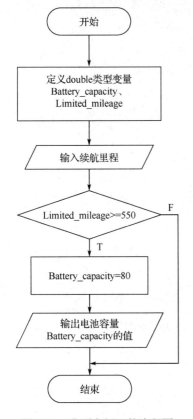

图 3-10 典型案例 2 的流程图   图 3-11 典型案例 2 的运行结果

典型案例 3：从键盘上输入汽车驾驶员的驾驶证类型，如果驾驶证类型为 A，则输出"准驾车型为大型客车"。

算法分析如下。

（1）定义变量：驾驶证类型 Driver_LicenseType。

（2）输入驾驶证类型。

（3）判断并输出驾驶证类型。

典型案例 3 的流程图如图 3-12 所示。

代码如下：

```
#include "stdio.h"
void main()
{
    char Driver_LicenseType;
    printf("请输入驾驶证类型: ");
    scanf("%c",&Driver_LicenseType);
    if(Driver_LicenseType=='A')
    {
        printf("准驾车型为大型客车",Driver_LicenseType);
    }
}
```

典型案例 3 的运行结果如图 3-13 所示。

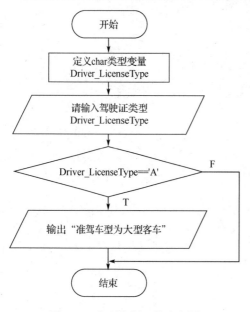

图 3-12 典型案例 3 的流程图

图 3-13 典型案例 3 的运行结果

3.1.4 任务分析与实践

算法分析如下。

（1）定义变量：电池型号 battery_type。

（2）输入电池型号。

（3）判断如果值为 1，则输出"使用铅酸电池"。

任务 3.1 的流程图如图 3-14 所示。

代码如下：

```
#include "stdio.h"
void main()
{
    int battery_type;
    printf("请输入新能源汽车的电池型号：");
    scanf("%d" ,&battery_type);
    if(battery_type==1)
     printf("使用铅酸电池");
}
```

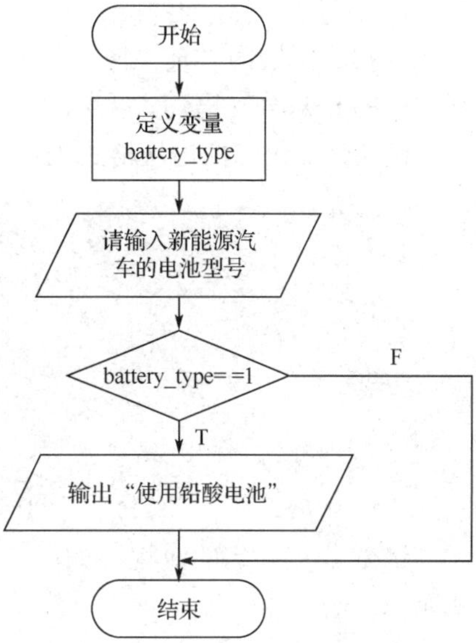

3.1.5 巩固练习

1. 编写程序，某公交公司规定驾龄 5 年及其以上的驾驶员可以开长途客车，驾龄小于 5 年的驾驶员可以开短途客车（参考变量：驾龄 driving_age）。

2. 编写程序，某 4S 店招聘实习生规定，当年龄大于或等于 18 岁时，可以应聘实习生。当年龄小于 18 岁时，不可以应聘实习生（参考变量：年龄 age）。

3. 某市地铁的收费规则是根据所坐的两点间最短站点个数计算的。当站点个数不超过 4 个时，收费金额为 4 元；当站点个数为 5～8 个时，收费金额为 6 元；当站点个数超过 8 个时，收费金额为 8 元。编写程序，输入站点个数，输出乘坐地铁所需的费用（参考变量：站点个数 the_number_of_stations、金额 money）。

图 3-14　任务 3.1 的流程图

任务 3.2 判断新能源汽车数据采集状况（双分支语句）

3.2.1 任务目标

根据新能源汽车数据采集时间判断新能源汽车数据采集是否正常。当数据采集时间大于或等于 30 秒时，输出"数据采集正常"；当数据采集时间小于 30 秒时，输出"数据采集样本太少"。

程序运行结果如图 3-15 所示。

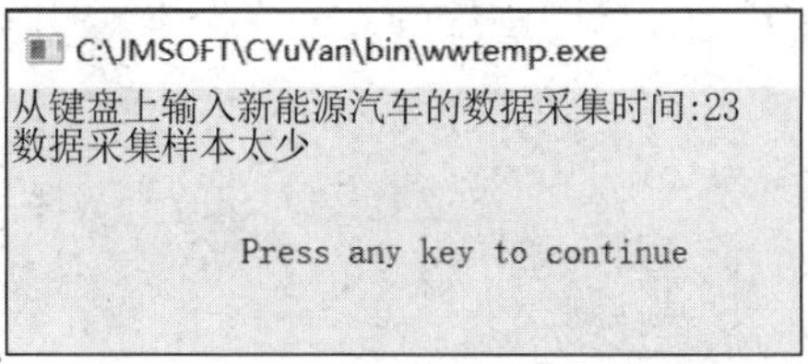

图 3-15　程序运行结果

3.2.2 知识储备

当判断问题为"真"需要一个结果，为"假"也需要一个结果时，我们就可以使用选择结构的 if 双分支语句。

if 双分支语句的语法格式为：

```
if（表达式）
{
    语句1；
}
else
{
    语句2；
}
```

if 双分支语句的流程图如图 3-16 所示，N-S 结构图（又被称为"框图"）如图 3-17 所示。

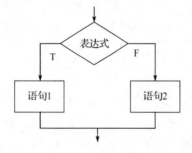

图 3-16 if 双分支语句流程图

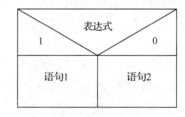

图 3-17 N-S 结构图

说明： 对 if 双分支语句的条件表达式进行判断，当条件表达式为"真"时，执行语句 1；当条件表达式为"假"时，执行语句 2。

示例 4：求绝对值。

$$y = \begin{cases} x & （当 x \geqslant 0） \\ -x & （当 x < 0） \end{cases}$$

根据程序要求绘制流程图，如图 3-18 所示。

```
#include "stdio.h"
void main()
{  int x ,y;
   printf("请输入 x 的值");
   scanf("%d",&x);
   if(x>=0)  y=x;
   else y=-x;
   printf("y 的值为%d",y);
}
```

示例 4 的运行结果如图 3-19 所示。

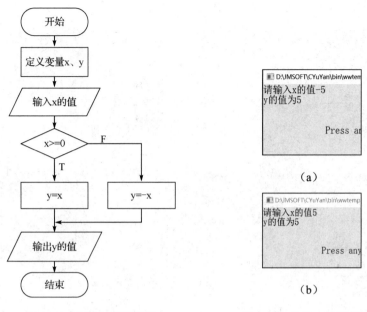

图 3-18　示例 4 的流程图　　　　图 3-19　示例 4 的运行结果

3.2.3　典型案例

典型案例 1：在车辆故障诊断系统中，当车辆发生故障时，需要及时发出警告。从键盘上输入车辆故障类型，如果等于 1，则输出"该车辆存在故障"，否则输出"该车辆无故障"。

算法分析如下。

（1）定义变量：车辆故障类型 FaultType。

（2）输入车辆故障类型。

（3）判断车辆故障类型并输出相应结果（双分支语句）。

典型案例 1 的流程图如图 3-20 所示。

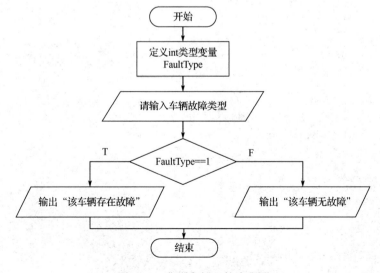

图 3-20　典型案例 1 的流程图

代码如下：

```
#include "stdio.h"
void main()
{
    int FaultType;
    printf("请输入车辆故障类型:");
    scanf("%d",&FaultType);
    if(FaultType==1)
    {
        printf("该车辆存在故障");
    }
    else
    {
        printf("该车辆无故障");
    }
}
```

典型案例 1 的运行结果如图 3-21 所示。

典型案例 2：当汽车电池的剩余电量低于 0.2kW·h 时，汽车会发出电池不足预警。从键盘上输入汽车电池的剩余电量，如果其值小于或等于 0.2kW·h，则输出"电量不足，需要充电"，否则输出"电量充足，无须充电"。

算法分析如下。

（1）定义变量：剩余电量 residual_battery。

（2）输入剩余电量。

（3）使用 if…else 语句判断。

```
if(剩余电量<=0.2)              //输出"电量不足，需要充电"
else                          //输出"电量充足，无须充电"
```

典型案例 2 的流程图如图 3-22 所示。

代码如下：

```
#include "stdio.h"
void main()
{
    double residual_battery;
    printf("从键盘上输入汽车电池的剩余电量:");
    scanf("%lf",&residual_battery);
    if(residual_battery<=0.2)
    {
        printf("电量不足，需要充电");
    }
    else
    {
        printf("电量充足，无须充电");
    }
}
```

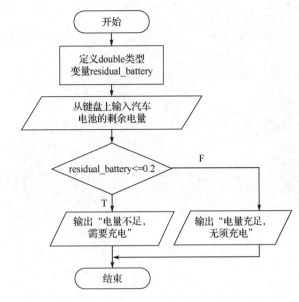

图 3-21　典型案例 1 的运行结果　　　　图 3-22　典型案例 2 的流程图

典型案例 2 的运行结果如图 3-23 所示。

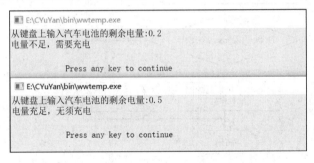

图 3-23　典型案例 2 的运行结果

典型案例 3：公交公司对驾驶员及其准驾车型进行管理，对于某型号的大型客车，通过键盘输入驾驶员的驾驶证类型来判断是否有资格驾驶该客车。如果驾驶证类型为 A，则输出"可以驾驶该大型客车"，否则输出"驾驶证与汽车登记信息不符，请更换驾驶员"。

算法分析如下。

（1）定义变量：驾驶证类型 Driver_LicenseType。

（2）输入驾驶证类型。

（3）使用 if…else 语句判断。

```
if(驾驶证类型为A)          //输出"可以驾驶该大型客车"
else                      //输出"驾驶证与汽车登记信息不符，请更换驾驶员"
```

典型案例 3 的流程图如图 3-24 所示。

代码如下：

```
#include "stdio.h"
void main()
```

```
{
    char Driver_LicenseType;
    printf("从键盘上输入驾驶员的驾驶证类型:");
    scanf("%c",&Driver_LicenseType);
    if(Driver_LicenseType=='A')
    {
      printf("可以驾驶该大型客车");
    }
    else
    {
      printf("驾驶证与汽车登记信息不符，请更换驾驶员");
    }
}
```

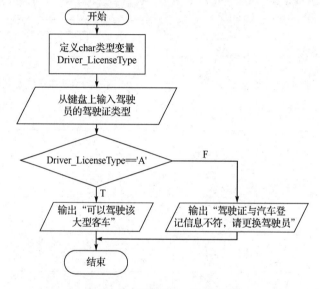

图 3-24　典型案例 3 的流程图

典型案例 3 的运行结果如图 3-25 所示。

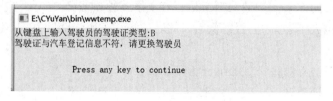

图 3-25　典型案例 3 的运行结果

3.2.4　任务分析与实践

算法分析如下。

（1）定义变量：数据采集时间 collecter_time。

（2）输入数据采集时间。

（3）使用 if…else 语句判断。

```
if(数据采集时间>=30)            //输出"数据采集正常"
else                         //输出"采集数据样本太少"
```

任务 3.2 的流程图如图 3-26 所示。

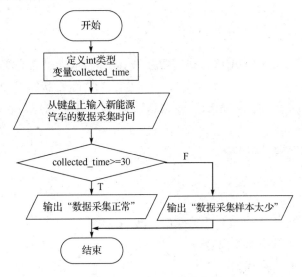

图 3-26　任务 3.2 的流程图

代码如下：

```
#include "stdio.h"
void main()
{
    int collected_time;
    printf("从键盘上输入新能源汽车的数据采集时间:");
    scanf("%d",&collected_time);
    if(collected_time>=30)
    {
      printf("数据采集正常");
    }
    else
    {
      printf("数据采集样本太少");
    }
}
```

3.2.5　巩固练习

编写程序，判断某一年是否是闰年（参考变量：年 year）。

判断闰年的条件如下。

- 能被 4 整除，但不能被 100 整除。
- 能被 4 整除，又能被 400 整除。

任务 3.3　输出新能源汽车剩余电量的显示状态（多分支）

3.3.1　任务目标

根据新能源汽车电量的使用程度进行显示，100%显示为"充满状态"，80%以上显示为"良好状态"，50%显示为"充足状态"，20%显示为"正常状态"，20%以下显示为"缺电状态"，0%显示为"无电量，无法行驶状态"。从键盘上输入电量状态（占比数字），输出电量的显示状态。

程序运行结果如图 3-27 所示。

3.3.2　知识储备

当遇到判断后面有 3 个及其以上结果时，我们就需要使用 if 多分支语句来解决这个问题。

图 3-27　程序运行结果

if 多分支语句的语法格式为：

```
if(表达式 1)语句 1;
else if(表达式 2)语句 2;
…
else if(表达式 n)语句 n;
[else 语句 n+1;]
```

if 多分支语句的执行过程如下。

如果表达式 1 为"真"，则执行语句 1；如果表达式 1 为"假"，而表达式 2 为"真"，则执行语句 2；以此类推，如果表达式 1、……、表达式 n−1 均为"假"，而表达式 n 为"真"，则执行语句 n；如果表达式 1、……、表达式 n 均为"假"，则执行语句 n+1。if 多分支语句的流程图如图 3-28 所示。

示例 5：从键盘上输入考试分数，按分数将考试成绩分成"优秀"[90～100（不包含）分]、"良好"[80～90（不包含）分]、"及格"[60～80（不包含）分]、"不及格"（60 分以下）多个等级。

示例 5 的流程图如图 3-29 所示。

1）方法一

示例 5 的 if 单分支语句流程图如图 3-30 所示。

```
#include "stdio.h"
void main()
{     int mark;
      printf("请输入考试分数：");
      scanf("%d", &mark);
      if(mark>=90)printf("优秀");
      if(mark>=80&& mark<90)printf("良好");
      if(mark>=60&& mark<80) printf("及格");
```

```
    if(mark<60) printf("不及格");
}
```

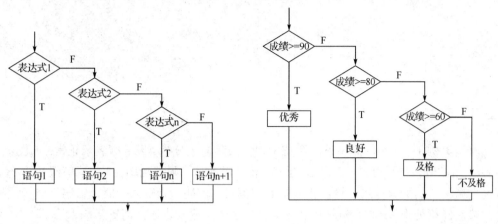

图 3-28　if 多分支语句的流程图　　　　　　图 3-29　示例 5 的流程图

2）方法二

示例 5 的 if 多分支语句流程图如图 3-31 所示。

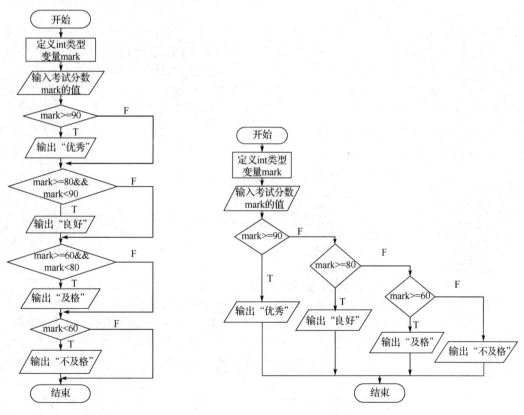

图 3-30　示例 5 的 if 单分支语句流程图　　　图 3-31　示例 5 的 if 多分支语句流程图

```
#include"stdio.h"
void main()
{       int mark;
```

```
    printf("请输入考试分数: ");
    scanf("%d", &mark);
    if(mark>=90)  printf("优秀");
      else if(mark>=80) printf("良好");
          else  if(mark>=60)  printf("及格");
                  else  printf("不及格");
  }
```

3.3.3　典型案例

典型案例 1：在车辆故障诊断系统中，将故障等级分为 4 级：0 表示正常；1 表示一级故障/严重故障，停机处理；2 表示二级故障/轻微故障，限定功率；3 表示三级故障/警告提醒。根据输入的故障等级，输出相应的处理模式。例如，当输入 1 时，输出"一级故障/严重故障，停机处理"。如果输入其他数字，则输出"输入错误，请重新输入"。

算法分析如下。

（1）定义变量：故障等级 Fault_level。

（2）输入故障等级。

（3）使用多分支语句判断。

```
if(故障等级=0)              //输出"正常"
else if(故障等级=1)         //输出"一级故障/严重故障，停机处理"
  else if(故障等级=2)       //输出"二级故障/轻微故障，限定功率"
     else if(故障等级=3)    //输出"三级故障/警告提醒"
        else               //输出"输入错误，请重新输入"
```

典型案例 1 的流程图如图 3-32 所示。

代码如下：

```
#include "stdio.h"
void main()
{
   int Fault_level;
   printf("请输入故障等级（数字）: \n");
   scanf("%d",&Fault_level);
   if(Fault_level==0)  printf("正常\n");
     else if(Fault_level==1)  printf("一级故障/严重故障，停机处理\n");
        else if(Fault_level==2)   printf("二级故障/轻微故障，限定功率\n");
           else if(Fault_level==3)   printf("三级故障/警告提醒\n");
              else  printf("输入错误，请重新输入\n");
}
```

典型案例 1 的运行结果如图 3-33 所示。

典型案例 2：驾驶员在科目三考试时，主要考察挡位和车速是否匹配。假设车速为 0km/h 时使用 0 挡，车速低于 15km/h 时使用 1 挡，车速为 15～30（不包含）km/h 时使用 2 挡，车速为 30～40（不包含）km/h 时使用 3 挡，车速为 40～60（不包含）km/h 时使用 4 挡，车速在 60km/h 及其以上时使用 5 挡。从键盘上输入车速，输出汽车相应的挡位。

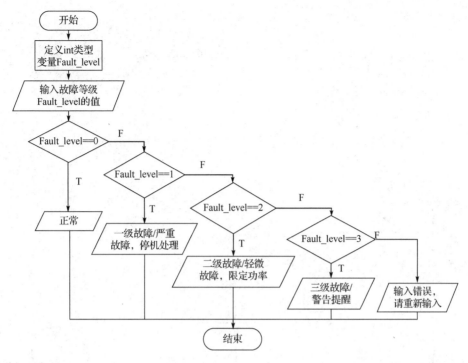

图 3-32　典型案例 1 的流程图

算法分析如下。

（1）定义变量：车速 speed。

（2）输入车速。

（3）使用 if 多分支语句判断。

请输入故障等级（数字）：
1
一级故障/严重故障，停机处理

图 3-33　典型案例 1 的运行结果

```
if(车速<0)                            //输出"输入有误"
    else if(车速=0)                   //输出"使用 0 挡"
        else if(车速<15)              //输出"使用 1 挡"
            else if(车速<30)          //输出"使用 2 挡"
                else if(车速<40)      //输出"使用 3 挡"
                    else if(车速<60)  //输出"使用 4 挡"
                        else          //输出"使用 5 挡"
```

典型案例 2 的流程图如图 3-34 所示。

代码如下：

```
#include "stdio.h"
void main()
{
    float speed;
    printf("请输入车速(km)：\n");
    scanf("%f",&speed);
    if(speed<0)   printf("输入有误");
        else  if(speed==0)  printf("使用 0 挡\n");
            else if(speed<15)  printf("使用 1 挡\n");
                else if(speed<30)  printf("使用 2 挡\n");
```

```
        else if(speed<40)  printf("使用 3 挡\n");
            else if(speed<60)  printf("使用 4 挡\n");
                else  printf("使用 5 挡\n");
}
```

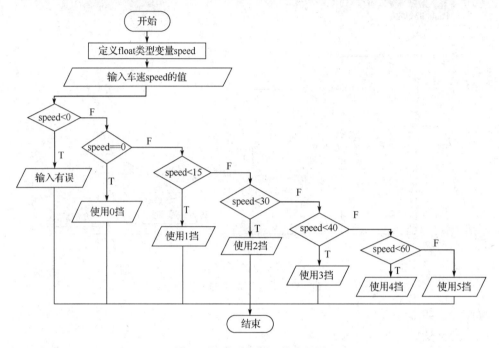

图 3-34　典型案例 2 的流程图

典型案例 2 的运行结果如图 3-35 所示。

```
C:\Program Files (x86)\Dev-Cpp\ConsolePauser.exe
请输入车速(km)：
34
使用 3 挡
```

图 3-35　典型案例 2 的运行结果

典型案例 3：某 4S 店的二手车分为 A 级（准新车）、B 级（精品车）、C 级（小瑕疵车）、D 级（大事故车）4 个等级。从键盘上输入汽车的等级，输出汽车的类型。

算法分析如下。

（1）定义变量：等级 grade。

（2）输入等级。

（3）使用 if 多分支语句判断。

```
if(等级=A)                        //输出 "准新车"
    else if(等级=B)               //输出 "精品车"
        else if(等级=C)           //输出 "小瑕疵车"
            else if(等级=D)       //输出 "大事故车"
                else              //输出 "输入错误"
```

典型案例 3 的流程图如图 3-36 所示。

代码如下：

```
#include "stdio.h"
void main()
{
```

```
char grade;
printf("请输入汽车的等级：\n");
scanf("%c",&grade);
    if(grade=='A')
    {
    printf("准新车\n");
    }
        else if(grade='B')
          {
        printf("精品车\n");
          }
            else if(grade=='C')
              {
              printf("小瑕疵车\n");
              }
                else  if(grade=='D')
                  {
                  printf("大事故车\n");
                  }
                    else  printf("输入错误");
}
```

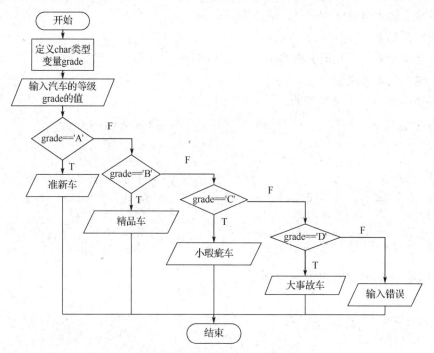

图 3-36　典型案例 3 的流程图

典型案例 3 的运行结果如图 3-37 所示。

小贴士：

当使用单个字符时，注意添加单引号。

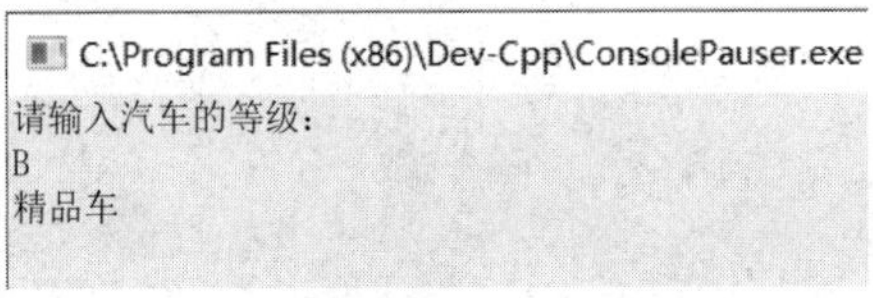

图 3-37　典型案例 3 的运行结果

典型案例 4：驾驶员准驾车辆要与驾驶证对应。下面列举几种驾驶证与相应车型的关系。

- A1：大型客车——大型客车是指车长大于或等于 6m 且核定载客人数大于或等于 20 人的载客汽车。
- A2：牵引车——牵引车采用电动机驱动，利用牵引力（2～8 吨）拉动几个装载货物的小车。
- A3：城市公交车——城市公交车是指城市范围内定线运营的公共汽车与轨道交通等交通工具。
- B1：中型客车——中型客车是指车长小于 6m 且核定载客人数 10（含）人以上、19（含）人以下的载客汽车。
- B2：大型货车——大型货车是指重型和中型载货汽车。重型载货汽车的车长大于或等于 6m，总质量大于或等于 12 吨。中型载货汽车的车长大于或等于 6m，总质量大于或等于 4.5 吨且小于 12 吨。
- C1：小型汽车——小型汽车是指总质量不超过 4.5 吨、核定载客人数不超过 9 人且车长 6m 以下的汽车。
- C2：小型自动挡汽车——小型自动挡汽车是指排量小，装配自动变速箱的汽车。

从键盘上输入驾驶证的类型，输出准驾车型。

算法分析如下。

（1）定义变量：驾驶证类型 Driver_LicenseType。

（2）输入驾驶证类型。

（3）使用 if 多分支语句判断。

```
if(车型=A1)                          //输出"大型客车"
else if(车型=A2)                     //输出"牵引车"
    else if(车型= A3)               //输出"城市公交车"
      else if(车型=B1)             //输出"中型客车"
        else if(车型=B2)          //输出"大型货车"
          else if(车型=C1)        //输出"小型汽车"
            else if(车型=C2)      //输出"小型自动挡汽车"
              else                //输出"输入错误"
```

典型案例 4 的流程图如图 3-38 所示。

代码如下：

```
#include "stdio.h"
#include "string.h"
void main()
{
    char Driver_LicenseType[3];
    printf("请输入驾驶证类型：\n");
   scanf("%s",& Driver_LicenseType);
    if(strcmp(Driver_LicenseType,"A1")==0)
     {
```

```
        printf("大型客车\n");
    }
    else if(strcmp(Driver_LicenseType,"A2")==0)
    {
        printf("牵引车\n");
    }
    else if(strcmp(Driver_LicenseType,"A3")==0)
    {
        printf("城市公交车\n");
    }
    else  if(strcmp(Driver_LicenseType,"B1")==0)
    {
        printf("中型客车\n");
    }
    else  if(strcmp(Driver_LicenseType,"B2")==0)
    {
        printf("大型货车\n");
    }
    else  if(strcmp(Driver_LicenseType,"C1")==0)
    {
        printf("小型汽车\n");
    }
    else  if(strcmp(Driver_LicenseType,"C2")==0)
    {
        printf("小型自动挡汽车\n");
    }
    else printf("输入错误");
}
```

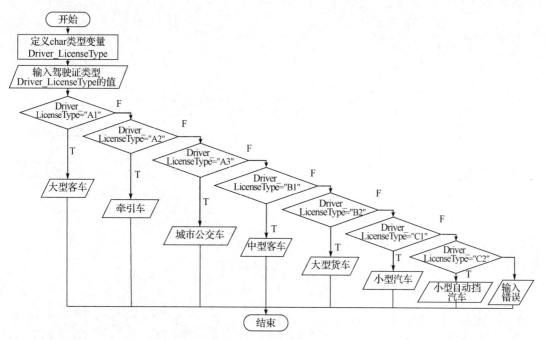

图 3-38　典型案例 4 的流程图

典型案例 4 的运行结果如图 3-39 所示。

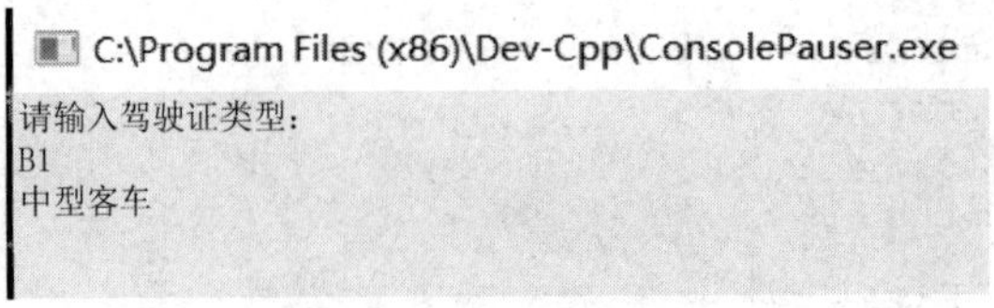

▦ C:\Program Files (x86)\Dev-Cpp\ConsolePauser.exe

请输入驾驶证类型：
B1
中型客车

图 3-39　典型案例 4 的运行结果

3.3.4　任务分析与实践

算法分析如下。

（1）定义变量：电量状态（占比数字）Rap。

（2）输入电量状态（占比数字）。

（3）使用多分支语句判断。

任务 3.3 的流程图如图 3-40 所示。

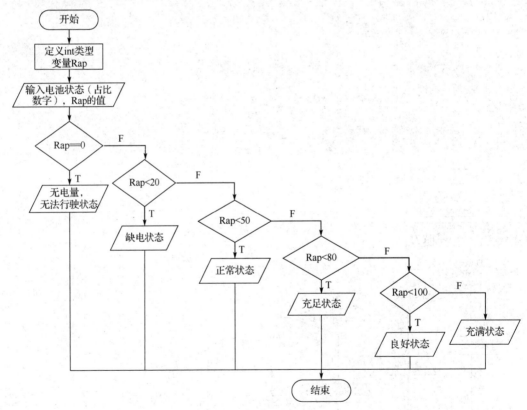

图 3-40　任务 3.3 的流程图

代码如下：

```c
#include "stdio.h"
void main()
{
```

```
    int Rap;
    printf("请输入电量状态(占比数字)：\n");
    scanf("%d",&Rap);
    if(Rap<0)printf("输入错误");
    else if(Rap==0)
    {
        printf("无电量，无法行驶状态\n");
    }
        else if(Rap<20)
        {
          printf("缺电状态\n");
        }
            else if(Rap<50)
            {
                printf("正常状态\n");
            }
                else if(Rap<80)
                {
                    printf("充足状态\n");
                }
                    else if(Rap<100)
                    {
                        printf("良好状态\n");
                    }
                        else
                        {
                            printf("充满状态\n");
                        }
}
```

3.3.5　巩固练习

1. 目前，驾驶员要检查自己的身体情况。编写程序，从键盘上输入身高、体重来判断个人身体的健康状况。计算公式为：标准体重=身高-105；体重大于"标准体重×1.1"为偏胖，提示"偏胖，注意节食"；体重小于"标准体重×0.9"为偏瘦，提示"偏瘦，增加营养"；其他为正常，提示"正常，继续保持"（参考变量：身高 heigh、体重 weight、标准体重 standard weight）。

2. 驾驶员的基本工资是根据驾龄来计算的。当驾龄为 1～5 年时，基本工资为 3200 元。当驾龄为 6～10 年时，基本工资为 4500 元。当驾龄为 10 年以上时，基本工资为 6000 元。编写程序，从键盘上输入驾驶员的驾龄，计算其基本工资（参考变量：驾龄 driver_age）。

3. 编写程序，从键盘上输入数字 1～7，在汽车显示屏上显示 1～7 对应星期几的英文。如果输入其他数字则显示"输入错误"（参考变量：数字 digit）。

4. 驾驶员 1 月底需要提交个人所得税，目前个税税率表如表 3-4 所示。如果工资为 30010 元，则税费计算应该分成 4 部分。5000 元以内不用交税，5000～8000 元之间的 3000 元按照%3 交税，8000～17000 元之间的 9000 元按照 10%交税，17000～30000 元之间的 13000 按照 20%交税，30010～30000 元之间的 10 元按照 25%交税，即税费计算公式为

3000×0.03+9000×0.1+13000×0.2+10×0.25=3592.5 元。编写程序，计算驾驶员需要缴纳多少个人所得税（参考变量：工资 salary、税率 tax rate）。

表 3-4 个税税率表

工资	税率
1～5000（包含）元	0%
5000～8000（包含）元	3%
8000～17000（包含）元	10%
17000～30000（包含）元	20%
30000～40000（包含）元	25%
40000～60000（包含）元	30%
60000～85000（包含）元	35%
85000 元以上	45%

5．驾驶员每年都有一个等级考核，综合测评分数在 0～60（不包含）分的等级为不合格，60～80（不包含）分的等级为合格，80～100（包含）分的等级为优秀。编写程序，从键盘上输入综合测评分数，输出等级（参考变量：综合测评分数 grade）。

任务 3.4　输出新能源汽车剩余电量的显示状态（switch）

3.4.1　任务目标

根据新能源汽车电量的使用程度进行剩余电量提示，假设汽车电量为[0,100]，而汽车电池容量的显示格子共有 10 格，10 格时显示"充满状态"，8～9 格时显示"充足状态"，5～7 时显示"正常状态"，3～4 时显示"预警状态"，1～2 时显示"报警状态"，0 时显示"无电量，无法行驶状态"。从键盘上输入电池容量格子的数量，输出剩余电量状态。

程序运行结果如图 3-41 所示。

```
■ C:\JMSOFT\CYuYan\bin\wwtemp.exe
请输入剩余电量：
90
充足状态
```

3.4.2　知识储备

switch 语句又被称为"开关语句"，是 if 多分支语句的一种特殊形式。

图 3-41　程序运行结果

switch 语句的语法格式为：

```
switch（表达式）
{
    case 值 1：语句 1；[break;]
    case 值 2：语句 2；[break;]
    …
    case 值 n：语句 n；[break;]
    default：语句 n+1；
}
```

switch 语句流程图如图 3-42（a）所示，N-S 结构图如图 3-42（b）所示。

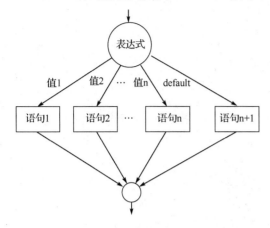

表达式的值

值1	值2	…	值n	default
语句1	语句2	…	语句n	语句n+1

（a）switch 语句流程图　　　　　　　　　　　（b）N-S 结构图

图 3-42　switch 语句流程图与 N-S 结构图

注意：
（1）switch 中的 case 常量可以是数值（整数），也可以是字符，但不能为其他类型的值。
（2）可以省略一些 case 和 default。
（3）每个 case 或 default 后面的语句可以是语句块，但不需要使用"{}"括起来。
（4）每个 case 语句块的最后都应有一个 break 语句，但不是绝对的，需要根据实际情况添加 break 语句。

当执行 switch 语句时，将常量表达式的值逐个与 case 后面的常量进行比较，如果与其中一个常量相等，则执行该常量下的语句。如果不与任何一个常量相等，则执行 default 后面的语句。

示例 6：小丽星期日出去逛街，发现自己所带的钱不够，因此考虑去 ATM 机取钱。输入正确密码后，通过 ATM 机的显示屏可以进行取款、查询、转账、退出等操作。编写程序，根据输入选项，输出与其相应的服务，如图 3-43 所示。

```
C:\WINDOWS\system32\cmd.exe
             1——取款
             2——查询
             3——转账
             4——退出
请输入选项：1
您选择了取款服务！
```

图 3-43　示例 6 的运行结果

1）方法一
示例 6 的 if 语句流程图如图 3-44 所示。

```c
#include "stdio.h"
void main()
{
    int choose;
    printf("请输入选项：");
    scanf("%d",&choose);
    if(choose==1)   printf("您选择了取款服务!\n");
    else if(choose==2) printf("您选择了查询服务!\n");
        else if(choose==3)  printf("您选择了转账服务!\n");
            else  if(choose==4)  printf("您选择了退出，请取卡!\n");
}
```

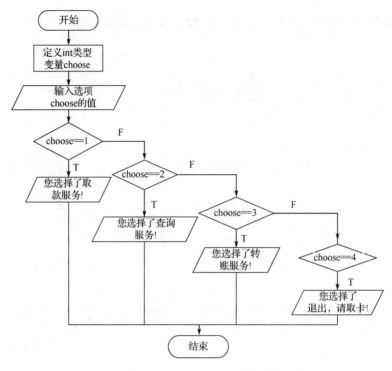

图 3-44　示例 6 的 if 语句流程图

2）方法二

示例 6 的 switch 语句流程图如图 3-45 所示。

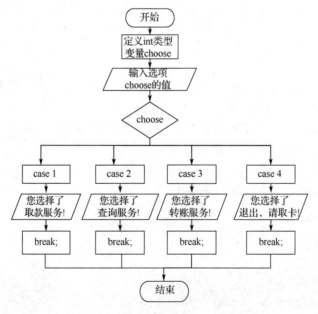

图 3-45　示例 6 的 switch 语句流程图

```
#include "stdio.h"
void main()
{
```

```
    int choose;
    printf("请输入选项：");
    scanf("%d",&choose);
    switch(choose)
    {
        case 1: printf("您选择了取款服务!\n"); break;
        case 2: printf("您选择了查询服务!\n"); break;
        case 3: printf("您选择了转账服务!\n");break;
        case 4: printf("您选择了退出，请取卡!\n");break;
    }
}
```

3.4.3　典型案例

典型案例 1：在车辆故障诊断系统中，将故障等级分为 4 级：0 表示正常；1 表示一级故障/严重故障，停机处理；2 表示二级故障/轻微故障，限定功率；3 表示三级故障/警告提醒。根据输入的故障等级，输出相应的处理模式。例如，当输入 1 时，输出"一级故障/严重故障，停机处理"。如果输入其他数据，则输出"输入错误，请重新输入"。

算法分析如下。

（1）定义变量：故障等级 Fault_level。

（2）输入故障等级。

（3）按照故障等级输出相应的处理模式。

典型案例 1 的流程图如图 3-46 所示。

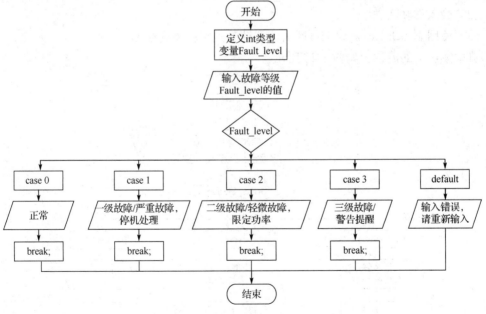

图 3-46　典型案例 1 的流程图

代码如下：

```
#include"stdio.h"
```

```
void main()
{
    int Fault_level;
    printf("请输入故障等级（数字）:\n");
    scanf("%d",& Fault_level);
    switch(Fault_level){
        case 0:printf("正常\n");break;
        case 1:printf("一级故障/严重故障，停机处理\n");break;
        case 2:printf("二级故障/轻微故障，限定功率\n");break;
        case 3:printf("三级故障/警告提醒\n");break;
        default:printf("输入错误，请重新输入\n");
    }
}
```

```
C:\JMSOFT\CYuYan\bin\wwtemp.exe
请输入故障等级（数字）:
1
一级故障/严重故障，停机处理
```

图 3-47　典型案例 1 的运行结果

典型案例 1 的运行结果如图 3-47 所示。

典型案例 2：驾驶员驾驶车辆要与驾驶证存在对应关系。下面列举几种驾驶证与相应车型的关系。

- A 级：大型客车、牵引车或城市公交车。
- B 级：中型客车或大型货车。
- C 级：小型汽车。

从键盘上输入驾驶证的类型，输出驾驶员可以驾驶的车型。

算法分析如下。

（1）定义变量：驾驶证类型 Driver_LicenseType。

（2）输入驾驶证类型。

（3）使用 switch…case 语句判断（注意此处是字符型匹配）。

典型案例 2 的流程图如图 3-48 所示。

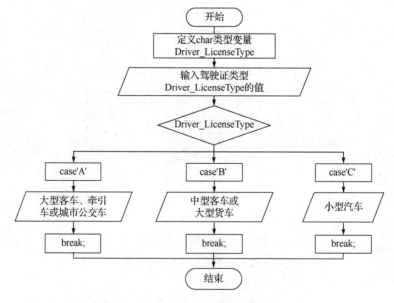

图 3-48　典型案例 2 的流程图

代码如下：

```
#include"stdio.h"
void main()
{
    char Driver_LicenseType;
    printf("请输入驾驶证类型：\n");
    scanf("%c",&Driver_LicenseType);
    switch(Driver_LicenseType){
        case 'A':printf("大型客车、牵引车或城市公交车\n");break;
        case 'B':printf("中型客车或大型货车\n");break;
        case 'C':printf("小型汽车\n");break;
    }
}
```

典型案例 2 的运行结果如图 3-49 所示。

当使用 switch…case 语句时，case 语句后面为常量表达式的值。

图 3-49 典型案例 2 的运行结果

典型案例 3：在正常情况下，新能源汽车的电池有 6～8 年的使用年限。当使用 1～2 年时，电池质量较好，在质保期；当使用 3～4 年时，电池质量正常，在质保期；当使用 5～6 年时，电池里程较短，在质保期；当使用 7～8 年时，电池已过质保期；当使用超过 8 年时，必须更换电池。从键盘上输入电池已使用的年限，输出相应的电池状态。

算法分析如下。

（1）定义变量：电池已使用的年限 Durable_years。

（2）输入电池已使用的年限。

（3）根据电池已使用的年限进行判断。

典型案例 3 的流程图如图 3-50 所示。

代码如下：

```
#include"stdio.h"
void main()
{
    int Durable_years;
    printf("请输入电池已使用的年限：\n");
    scanf("%d",& Durable_years);
    switch(Durable_years){
        case 1:
        case 2:printf("电池质量较好，在质保期\n");break;
        case 3:
        case 4:printf("电池质量正常，在质保期\n");break;
        case 5:
        case 6:printf("电池里程较短，在质保期\n");break;
```

```
        case 7:
        case 8:printf("电池已过质保期\n");break;
        default:printf("必须更换电池\n");
    }
}
```

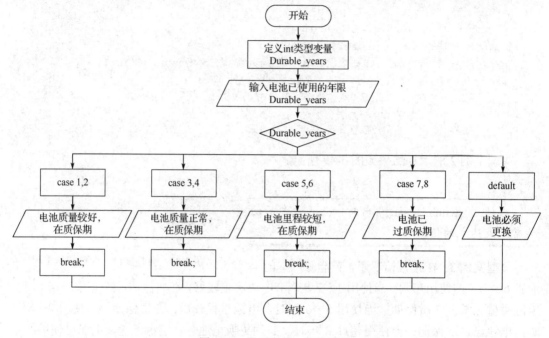

图 3-50　典型案例 3 的流程图

典型案例 3 的运行结果如图 3-51 所示。

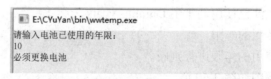

图 3-51　典型案例 3 的运行结果

典型案例 4：驾驶员在科目三考试时，主要考察挡位和车速是否匹配。假设车速为 0～15（不包含）km/h 时使用 1 挡，车速为 15～30（不包含）km/h 时使用 2 挡，车速为 30～40（不包含）km/h 时使用 3 挡，车速为 40～60（不包含）km/h 时使用 4 挡，车速在 60km/h 及其以上时使用 5 挡。从键盘上输入车速，输出汽车相应的挡位。

算法分析如下。

（1）定义变量：车速 speed。

（2）输入车速。

（3）分析数字特点，可以发现车速范围最小公约数是 5，数字对 5 整除，可以把匹配的结果缩小在更小的范围内，便于使用 switch 结构。

（4）根据速度比例进行匹配。

典型案例 4 的流程图如图 3-52 所示。

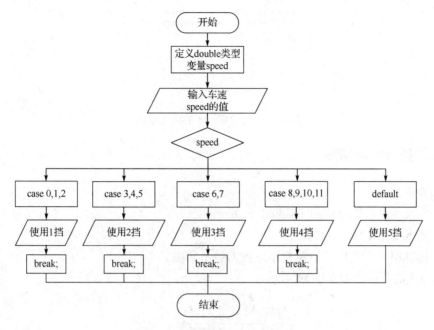

图 3-52　典型案例 4 的流程图

代码如下：

```
#include"stdio.h"
void main()
{
    double speed;
    int n;
    printf("请输入车速：\n");
    scanf("%lf",&speed);
    n=(int)(speed/5);
    switch(n){
        case 0:
        case 1:
        case 2:printf("使用 1 挡\n");break;
        case 3:
        case 4:
        case 5:printf("使用 2 挡\n");break;
        case 6:
        case 7:printf("使用 3 挡\n");break;
        case 8:
        case 9:
        case 10:
        case 11:printf("使用 4 挡\n");break;
        default:printf("使用 5 挡\n");
    }
}
```

典型案例 4 的运行结果如图 3-53 所示。

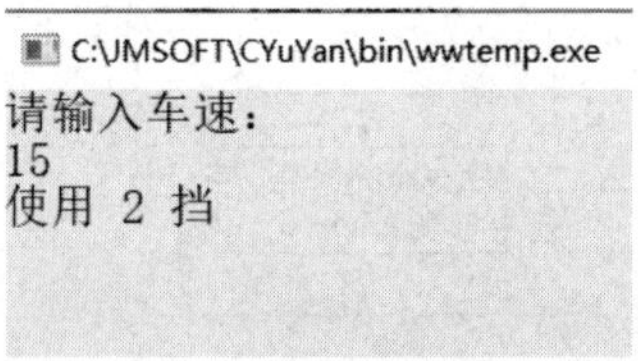

C:\JMSOFT\CYuYan\bin\wwtemp.exe
请输入车速：
15
使用 2 挡

图 3-53 典型案例 4 的运行结果

3.4.4 任务分析与实践

算法分析如下。

（1）定义变量：剩余电量 residual_battery。

（2）输入剩余电量。

（3）根据电池容量格子数量判断电量的显示状态。

任务 3.4 的流程图如图 3-54 所示。

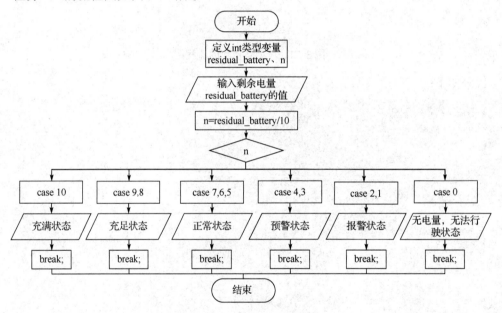

图 3-54 任务 3.4 的流程图

代码如下：

```c
#include"stdio.h"
void main()
{
    int residual_battery,n;
    printf("请输入剩余电量：\n");
    scanf("%d",&residual_battery);
    n= residual_battery/10;
    switch(n){
        case 10:printf("充满状态\n");break;
        case 9:
```

```
        case 8:printf("充足状态\n");break;
        case 7:
        case 6:
        case 5:printf("正常状态\n");break;
        case 4:
        case 3:printf("预警状态\n");break;
        case 2:
        case 1:printf("报警状态\n");break;
        case 0:printf("无电量，无法行驶状态\n");break;
    }
}
```

3.4.5　巩固练习

学生的成绩一般是按照等级输出的，其中 0～60（不包含）分为不合格，60～80（不包含）分为合格，80～90（不包含）分为良好，90～100（包含）分为优秀。编写程序，从键盘上输入学生的分数，输出成绩等级。

小贴士：

case 后面必须是一个整数或者结果为整数的表达式，但不能包含任何变量；default 不是必需的。当没有 default 时，如果所有 case 都匹配失败，就什么都不执行。

任务 3.5　新能源汽车故障诊断与维修（选择嵌套）

3.5.1　任务目标

当新能源汽车出现故障时，可以在 4S 店、路边维修店或连锁维修店进行维修。假设目前维修的项目是更换轮胎，路边维修店里每个轮胎的价格是 500 元，2 个及其以上可以打 7 折；连锁维修店里每个轮胎的价格是 550 元，2 个及其以上可以打 8 折；4S 店里每个轮胎的价格是 650 元，2 个及其以上可以打 9 折。从键盘上输入维修地点与更换轮胎的数量，计算总的维修价格。

程序运行结果如图 3-55 所示。

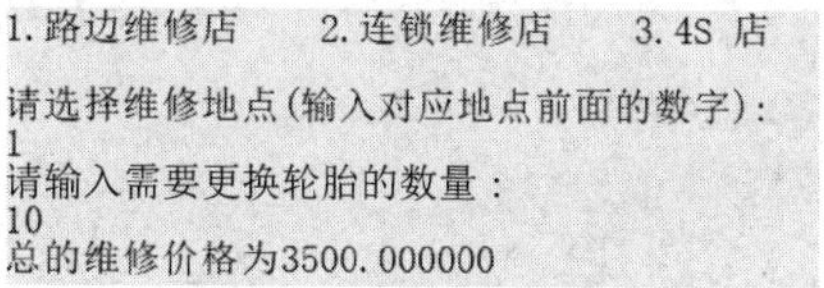

图 3-55　程序运行结果

3.5.2　知识储备

有时我们遇到问题需要考虑多种情况的条件，这时就不得不在选择结构中再包含选择结构，这就形成了语句嵌套。

if 语句中又包含一个或多个 if 语句称为 "if 语句的嵌套"。

if 语句的嵌套形式如图 3-56 所示。

图 3-56　if 语句的嵌套形式

小贴士：

if 与 else 的配对原则是 else 子句总是与它上面的且最近的 if 配对使用。为了使逻辑关系清晰，一般将内嵌的 if 语句放在外层的 else 子句中，如图 3-56（b）所示。

示例 7：输出下面程序的运行结果。

```c
#include <stdio.h>
void main( )
{
  int a=2,b=7,c=5;
  switch(a)
  {
    case 1:    switch(b)
               {
                  case 1: printf("@"); break;
                  case 2: printf("!"); break;
               }
               break;
    case 0:    switch(c)
               {
                  case 0: printf("*"); break;
                  case 1: printf("#"); break;
                  case 2: printf("$"); break;
               }
               break;
    default:    printf("&");
  }
  printf("\n");
}
```

示例 7 的运行结果是 &。

分析：首先判断 a 的值，根据 a 的值再判断其他情况。

如果 a=1，那么示例 7 的运行结果是什么？

3.5.3　典型案例

典型案例 1：当新能源电动汽车充电时，可以选择快充和慢充两种方式。快充时，如果充电电量不超过 80%，则 30 分钟即可完成，充电超过 80% 后需要的时间为每 1% 需要 10 分钟。慢充时，每 1% 需要 8 分钟。从键盘上输入充电方式与需求电量，计算充电所需的时间。

算法分析如下。

（1）定义变量：充电方式 recharge_mode、需求电量 required_battery。

（2）输入充电方式和需求电量。

（3）先考虑充电方式，再根据需求电量计算充电所需的时间。

典型案例 1 的流程图如图 3-57 所示。

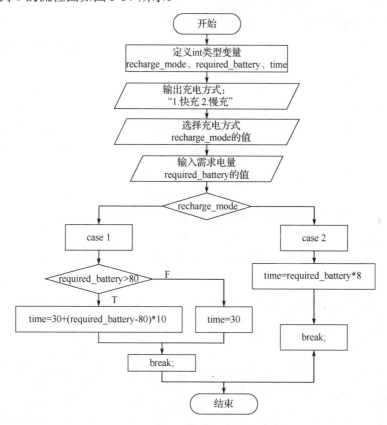

图 3-57　典型案例 1 的流程图

代码如下：

```c
#include"stdio.h"
void main()
{
    int recharge_mode,required_battery,time;
    printf("1:快充\t2:慢充\n\n");
    printf("请选择充电方式(输入对应方式前面的数字):\n");
```

```
    scanf("%d",&recharge_mode);
    printf("请输入需求电量:\n");
    scanf("%d",&required_battery);
    switch(recharge_mode)
    {
      case 1:   if(required_battery>80)
                   time=30+(required_battery-80)*10;
                else
                   time=30;
                break;
      case 2:time=required_battery*8;break;
    }
    printf("充电所需的时间是%d 分钟",time);
}
```

典型案例 1 的运行结果如图 3-58 所示。

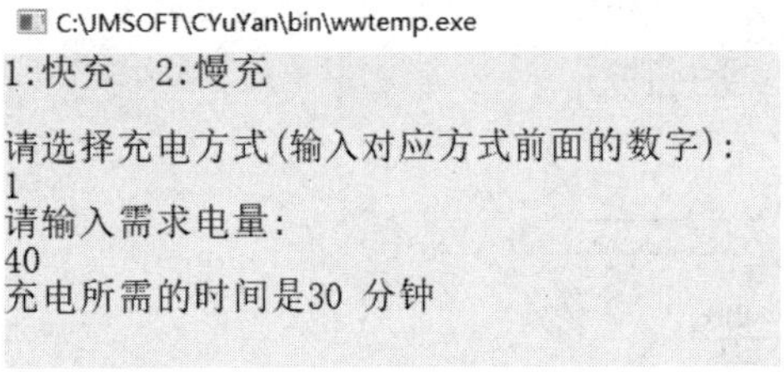

C:\JMSOFT\CYuYan\bin\wwtemp.exe

1:快充   2:慢充

请选择充电方式(输入对应方式前面的数字):
1
请输入需求电量:
40
充电所需的时间是30 分钟

图 3-58　典型案例 1 的运行结果

典型案例 2：汽车保费和出险次数存在密切关系。当未出险次数为 3 年及其以上（未出险年限大于或等于 3 年）时保费折扣为 4.335 折，当连续两年未出险时保费折扣为 5.0 折，当一年未出险时保费折扣为 6.141 折。当出险年限为 0 时表明当年至少存在 1 次车险次数，出险 1 次 7.225 折，出险 2 次 9.03 折，出险 3 次 108.38%上浮，出险 4 次 126.44%上浮，5 次及其以上 144.5%上浮。根据输入的未出险年限和出险次数，计算保费。

算法分析如下。

（1）定义变量：未出险年限 no_claim_years、出险次数 claim_times。

（2）输入未出险的年限和出险次数。

（3）先判断出险年限，当年限为 0 时再根据出险次数判断。

典型案例 2 的流程图如图 3-59 所示。

代码如下：

```
#include"stdio.h"
void main()
{
    int no_claim_years, claim_times;
    float distance;
    printf("请输入未出险年限\n");
    scanf("%d",& no_claim_years);
    printf("请输入出险次数:\n");
    scanf("%d",& claim_times);
    switch(no_claim_years)
    {
        case 0:printf("请输入出险次数:\n");scanf("%d",& claim_times);
               switch(claim_times)
```

```
            {
                case 1:distance=0.7225;break;
                case 2:distance=0.903;break;
                case 3:distance=1.0838;break;
                case 4:distance=1.2644;break;
                case 5:distance=1.445;break;
            }
                break;
        case 1:distance=0.6141;break;
        case 2:distance=0.5;break;
        default:distance=0.4335;
    }
    printf("折扣为%f",distance);
    }
```

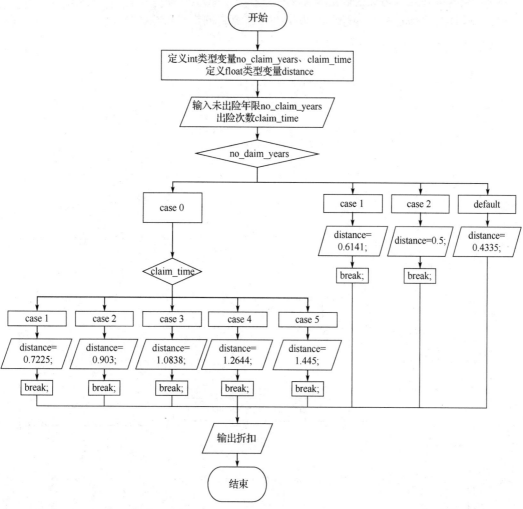

图 3-59　典型案例 2 的流程图

典型案例 2 的运行结果如图 3-60 所示。

C:\JMSOFT\CYuYan\bin\wwtemp.exe

请输入未出险年限
3
折扣为0.433500

图 3-60　典型案例 2 的运行结果

3.5.4　任务分析与实践

算法分析如下。

（1）定义变量：维修地点 place、轮胎价格 price、折扣率 discount、更换轮胎的数量 num。

（2）输入维修地点与更换轮胎的数量。

（3）根据维修地点和更换轮胎的数量进行计算总的维修价格。

任务 3.5 的流程图如图 3-61 所示。

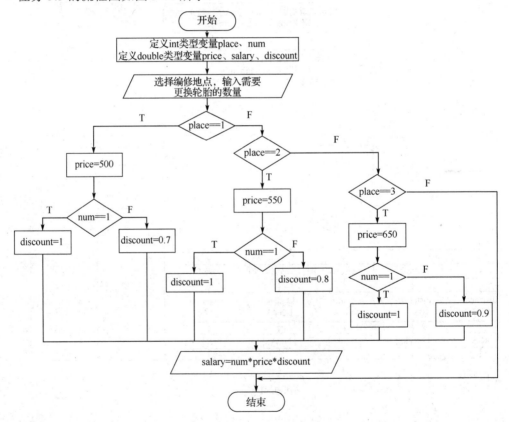

图 3-61　任务 3.5 的流程图

代码如下：

```c
#include"stdio.h"
void main()
{
```

```
int place,num;
double price,salary,discount;
printf("1.路边维修店\t2.连锁维修店\t3.4S 店\n\n");
printf("请选择维修地点(输入对应地点前面的数字):\n");
scanf("%d",&place);
printf("请输入需要更换轮胎的数量:\n");
scanf("%d",&num);
if(place==1)
{
   price=500;
   if(num==1)    discount=1;
   else discount=0.7;
}
else if(place==2)
{
   price=550;
   if(num==1)    discount=1;
   else    discount=0.8;
}
else if(place==3)
{
   price=650;
   if(num==1)    discount=1;
   else    discount=0.9;
}

   salary=num*price*discount;
   printf("总的维修价格为%f",salary);
}
```

3.5.5　巩固练习

1. 油量监控时的分界段为 0.75 和 0.25，当高于 0.75 时显示"油量高，不必停车！"，当低于 0.5 时显示"油量低，注意！"，当测量监控范围为 0.75～0.25 时无显示。请根据要求填空。

```
#include <stdio.h>
void main()
{
   double fuel_reading;
   printf("输入油量表读数(0-1): ");
   scanf("%lf", &fuel_reading);
    if _____
   {
      if _____
         printf("油量低，注意!\n");
   }
   else
```

```
    {
        printf("油量高，不必停车!\n");
    }
}
```

2．车辆的年检规定如下。

• 非营运轿车（1）：6年内免予上线检验；超过6年且不满10年的，每两年检验一次；10年以上且不满15年的，每年检验一次；15年及其以上每半年检验一次。

• 营运载客汽车（2）：5年以内每年检验一次；5年及其以上每半年检验一次。

• 载货汽车和大型、中型非营运载客汽车（3）：10年以内每年检验一次；10年及其以上每半年检验一次。

• 摩托车（4）：4年以内每2年检验一次；4年及其以上每年检验一次。

从键盘上输入车辆类型（用1~4代替）和年限，输出检验方式（参考变量：车辆类型Motor Type、年限 year）。

同步训练

一、选择题

1．如果 x=0,y=11,z=7，则以下表达式的值为 0 的是（   ）。

　　A．!x　　　　　　B．x<y? 1:0　　　C．x%2&&y==z　　D．y=x||z/3

2．以下运算符中优先级最低的是（   ），优先级最高的是（   ）。

　　A．&&　　　　　　B．!　　　　　　　C．!=

　　D．||　　　　　　E．?:　　　　　　　F．==

3．如果 w=1,x=2,y=3,z=4，则条件表达式 w<x?w:y<z?y:z 的结果为（   ）。

　　A．4　　　　　　　B．3　　　　　　　C．2　　　　　　　D．1

4．下面关于运算符优先顺序的描述正确的是（   ）。

　　A．关系运算符<算术运算符<赋值运算符<逻辑运算符

　　B．逻辑运算符<关系运算符<算术运算符<赋值运算符

　　C．赋值运算符<逻辑运算符<关系运算符<算术运算符

　　D．算术运算符<关系运算符<赋值运算符<逻辑运算符

5．分析以下程序，说法正确的是（   ）。

```
main()
  { int x=5,a=0,b=0;
   if(x=a+b) printf("* * * *\n");
   else  printf("# # # #\n");
  }
```

　　A．有语法错误，不能通过编译　　　　B．通过编译，但不能连接

　　C．输出＊＊＊＊　　　　　　　　　　　D．输出####

6. 以下运算符中优先级最高的是（　　）。

  A．<   B．+   C．&&   D．!=

7. 判断 char 类型变量 ch 是否为大写字母的正确表达式为（　　）。

  A．'A'<=ch<='Z'   B．(ch>='A')&(ch<='Z')

  C．(ch>='A')&&(ch<='Z')   D．('A'<=ch)AND('Z'>=ch)

8. 为了避免在嵌套的条件语句 if…else 中产生二义性，C 语言规定 else 子句总是与
（　　）配对。

  A．缩排位置相同的 if   B．其之前最近的没有 else 配对的 if

  C．其之后最近的 if   D．一行上的 if

二、填空题

1. 如果给变量 x 赋值为 56，则以下程序的运行结果是＿＿＿＿＿＿。

```
main()
{   int x,y;
    scanf("%d",&x);
    y=x>56?x+1:x-2;
    printf("%d\n",y);
    }
```

2. 从键盘上输入 3 个数，计算以这 3 个数为边长的三角形的面积。请根据要求填空。

```
 _____
 main()
 {
     _____;
     printf("Please enter 3 reals:\n");
     scanf("%f%f%f",&a,&b,&c);
     if_____
       {  s=(a+b+c)*0.5;
          s1=s*(s-a)*(s-b)*(s-c);
          s=_____;
          printf("\nArea of the triangle is %f\n",s);
          }
     _____;
     printf("It is not triangle!\n");
 }
```

3. 根据要求填空。

投票表决器：

• 输入 Y、y，输出 agree。

• 输入 N、n，输出 disagree。

• 输入其他，输出 lose。

```
main()
{
```

```
    char c;
    scanf("%c",&c);

    _____
    {
        case 'Y':
        case 'y': printf("agree");_____;
        case 'N':
        case 'n': printf("disagree"); _____;
        _____ : printf("lose");
    }
```

4. 阅读以下程序，执行每行语句后 m 的值是_____。

```
int w=5,x=2,y=3,z=4,m;
m=w<x?w:x;
m=m<y?m:y;
m=m<z?m:z;
```

三、编程题

1. 编写程序，求 y 的值 （x 的值由键盘输入）。

$$y = \begin{cases} \dfrac{\sin(x) + \cos(x)}{2} & (x \geq 0) \\ \dfrac{\sin(x) - \cos(x)}{2} & (x < 0) \end{cases}$$

2. 编写程序，计算 $f(x)$ 的值。输入实数 x，计算并输出下列分段函数 $f(x)$ 的值，输出时保留 1 位小数。

$$y = f(x) = \begin{cases} \dfrac{1}{x} & (x = 10) \\ x & (x \neq 10) \end{cases}$$

3. 编写程序，某 4S 店给员工提供的餐费补助是每人每天 30 元，输入月份，计算当月员工的餐费补助（参考变量：月份 month、餐费补助 supply）。

4. 编写程序，对于给定的一个百分制成绩，输出相应的五分值成绩。设 90 分以上为 'A'，80～89 分为'B'，70～79 分为'C'，60～69 分为'D'，60（不包含）分以下为'E'（使用 switch 语句来实现）。

5. 编写程序，根据以下函数关系，对输入的每个 x 值，计算出相应的 y 值。

x	y
$x \leq 0$	0
$0 < x \leq 10$	x
$10 < x \leq 20$	10
$20 < x < 40$	$-0.5x + 20$

04 | 项目 4
车辆电池数据监测（循环结构）

学习目标

知识目标
- 理解 for 循环、while 循环、do...while 循环。
- 熟悉嵌套循环。
- 熟悉 break 语句的使用。

能力目标
- 能准确运用 C 语言中 3 种循环的格式。
- 能熟练运用 C 语言流程控制语句设计循环结构程序。
- 能熟练运用循环嵌套编写程序。
- 能准确运用循环语句编写简单程序。

情景设置

车载设备能采集车辆运行数据并且持续发出，接收端能够正确及时接收并加以处理。由于数据源源不断发送，因此接收端采用循环结构处理。

任务 4.1　车辆电池充电状态显示（for 循环）

4.1.1　任务目标

某电池需要充电，当电池充电时间小于 8 小时时，显示"充电%d 小时，继续充"；当充满 8 小时时，显示"充满，请停止充电"。程序运行结果如图 4-1 所示。

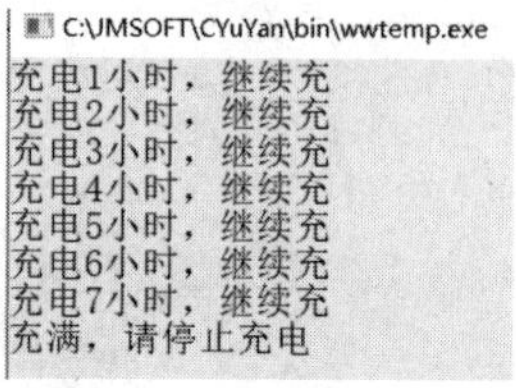

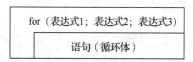

C:\JMSOFT\CYuYan\bin\wwtemp.exe
充电1小时，继续充
充电2小时，继续充
充电3小时，继续充
充电4小时，继续充
充电5小时，继续充
充电6小时，继续充
充电7小时，继续充
充满，请停止充电

图 4-1　程序运行结果

4.1.2　知识储备

我们将反复执行相同的操作称为“循环”。C 语言中有 3 种循环：for 循环、do...while 循环、while 循环。

循环一般由循环语句与判断条件组成，表达式 1 为初值，表达式 2 为判断语句，表达式 3 为步长增量。当循环体由两条及其以上的语句组成时必须添加{}。当循环明确范围或运行次数时，一般采用 for 循环。

for 循环的语法格式为：

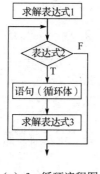

```
for (表达式 1; 表达式 2; 表达式 3)
          语句（循环体）
```

for 循环流程图如图 4-2（a）所示，N-S 结构图如图 4-2（b）所示。

求解表达式1
表达式2
F
T
语句（循环体）
求解表达式3
for（表达式1；表达式2；表达式3）
语句（循环体）

（a）for 循环流程图　　　　（b）N-S 结构图

图 4-2　for 循环流程图与 N-S 结构图

- “表达式 1”：一般是一个赋值表达式，用来给循环控制变量赋初值。
- “表达式 2”：一般是一个关系表达式或逻辑表达式，用来决定什么时候退出循环。
- “表达式 3”：一般是一个算术表达式，用来定义循环控制变量，每循环一次后按什么方式变化。

上述 3 个表达式之间用“;”间隔。

示例 1：输出以下语句。

我是最棒的!
我是最棒的!
我是最棒的!
我是最棒的!

```
#include <stdio.h>
void main()
{
    int i;
    for(i=1;i<=4;i++)
        printf("我是最棒的!\n");
}
```

4.1.3　典型案例

典型案例 1：显示某车辆白天 12 小时的电池状态。

1）分析过程

先看一看是否有相同的内容，发现有相同的内容，即"第%d 小时，正常"这句话被输出 12 次，由此可知循环变量的范围为 1～12。

循环体"第%d 小时，正常"。

初值　　i=1。

判断条件　i<=12。

步长增量　i++。

2）算法分析

（1）定义变量 i。

（2）根据上述分析可知循环四要素的位置。

循环次数为 12 次，可以确定初值，判断条件，步长增量

$$1\qquad <=12\qquad ++$$

循环体为"第%d 小时，正常"

典型案例 1 的流程图如图 4-3 所示。

代码如下：

```
#include "stdio.h"
void main()
{ int i;
  for(i=1;i<=12;i++)
  printf("第%d 小时，正常\n",i);
}
```

典型案例 1 的运行结果如图 4-4 所示。

典型案例 2：某集团对驾驶员的工资根据是否出现交通事故而制定，如果没有出现交通事故，则驾驶员下一个月的工资会加 50 元。一个驾驶员去年 1 月的工资为 3000 元，假设该驾驶员全年没有出现交通事故，则计算这个驾驶员 12 月的工资。

1）分析过程

初值 salary=3000。

1 月　salary1 = salary+50。

开始
定义 i
F
i<=12
T
输出“第%d小时，正常”
i++
结束

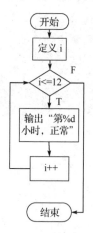

图 4-3　典型案例 1 的流程图

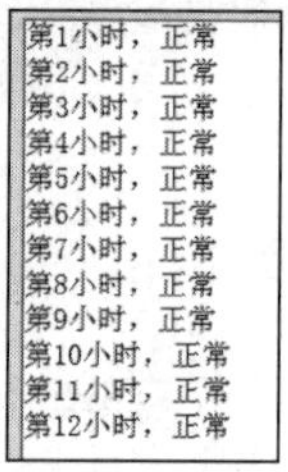

第1小时，正常
第2小时，正常
第3小时，正常
第4小时，正常
第5小时，正常
第6小时，正常
第7小时，正常
第8小时，正常
第9小时，正常
第10小时，正常
第11小时，正常
第12小时，正常

图 4-4　典型案例 1 的运行结果

2 月　salary2= salary1+50。

3 月　salary3= salary2+50。

4 月　salary4= salary3+50。

…

12 月　salary12= salary11+50。

2）查找循环四要素获得以下内容

循环体　salary= salary+50。

范围　1～12。

初值　salary1 =3000;month=1;。

判断条件 month<=12。

步长增量 month++。

3）算法分析

（1）定义变量：工资 salary、月份 month。

（2）使用 for 循环编写程序。

```
for( 初值;判断条件;步长增量)
{
    循环体
}
```

（3）输出 12 月的工资。

典型案例 2 的流程图如图 4-5 所示。

代码如下：

```
#include "stdio.h"
void main()
{
    int salary=3000;
    int month;
    for(month=1;month<=12;month++)
    {
```

```
                      salary=salary+50;
    }
    printf("这个驾驶员 12 月的工资为:%d",salary);
}
```

典型案例 2 的运行结果如图 4-6 所示。

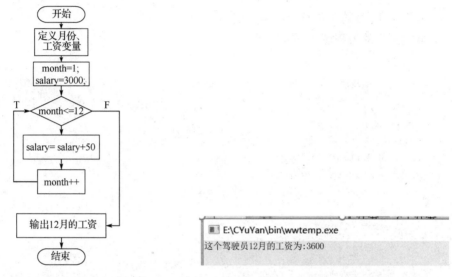

图 4-5　典型案例 2 的流程图　　　　图 4-6　典型案例 2 的运行结果

典型案例 3：某集团对驾驶员的工资根据是否出现交通事故而制定，如果没有出现交通事故，则驾驶员下一个月的工资会增加上一个月工资的 10%。一个驾驶员 1 月的工资为 3000 元，假设该驾驶员全年没有出现交通事故，则计算这个驾驶员 12 月的工资及全年总工资。

1）分析过程

初值 salary=3000;　sum_salary=0;。

1 月　salary=salary+salary*0.1;。

　　　　sum_salary1=sum_salary + salary;。

2 月　salary_salary2= salary1+salary*0.1;

　　　　sum_salary2=sum_salary1+ salary2;。

…

12 月　salary_salary12= salary11+salary*0.1;

　　　　sum_salary12=sum_salary11+ salary12;。

2）查找循环四要素

初值　month=1。

判断条件 month<=12。

步长增量　month++。

循环体　salary= salary+salary*0.1;

　　　　sum_salary =sum_salary + salary;。

3）算法分析

（1）定义变量：月份 month、工资 salary、总工资 sum_salary。

（2）使用 for 循环编写程序。

```
for(初值;判断条件;步长增量)
{
  循环体
}
```

（3）输出 12 月的工资及全年总工资。

典型案例 3 的流程图如图 4-7 所示。

代码如下：

```c
#include "stdio.h"
void main()
{
    int month;
    double salary=3000;
    double sum_salary=0;
    for(month=1;month<=12;month++)
    {
      salary=salary+(salary*0.1);
      sum_salary=sum_salary+salary;
    }
    printf("这个驾驶员 12 月的工资为:%.2lf \n",salary);
    printf("这个驾驶员一共领取的工资为:%.2lf",sum_salary);
}
```

典型案例 3 的运行结果如图 4-8 所示。

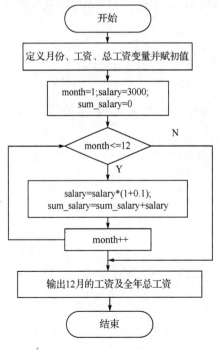

■ 选择 C:\JMSOFT\CYuYan\bin\wwtemp.exe

这个驾驶员 12 月的工资为:9415.29
这个驾驶员一共领取的工资为:70568.14

图 4-7　典型案例 3 的流程图　　　　图 4-8　典型案例 3 的运行结果

4.1.4　任务分析与实践

分析过程如下。

（1）循环 7 次、确定初值、判断条件、步长增量。

（2）循环体："充电%d 小时，继续充"。

（3）当充满 8 小时时，输出"充满，请停止充电"。

任务 4.1 的流程图如图 4-9 所示。

代码如下：

```
#include "stdio.h"
void main()
{ int i;
  for(i=1;i<=7;i++)
  printf("充电%d 小时，继续充\n",i);
  if(i==8)printf("充满，请停止充电");
}
```

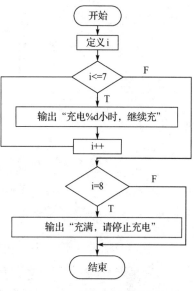

图 4-9　任务 4.1 的流程图

4.1.5　巩固练习

1．编写程序，使用循环输出 10 次"关注自己一言一行创建你我美好校园"。

2．编写程序，使用循环计算 1+2+3+…+100 的和。

任务 4.2　固定时间内车辆电池状态实时监测（while 循环）

4.2.1　任务目标

某电池需要充电，当电池充电时间小于或等于 8 小时时，显示"充电%d 小时，继续充"；当电池充电时间超过 8 小时时，显示"充满，请停止充电"。程序运行结果如图 4-10 所示。

4.2.2　知识储备

while 循环需要的循环四要素与 for 循环需要的四要素一致，一般不是很明确范围，但是明确停止条件时可采用 while 循环。

图 4-10　程序运行结果

1．while 循环

while 循环的语法格式为：

```
while（表达式）
{
        循环体
}
```

while 循环流程图如图 4-11（a）所示，N-S 结构图如图 4-11（b）所示。

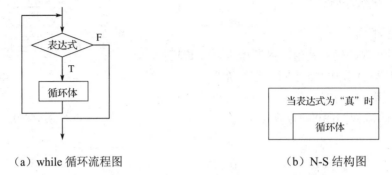

（a）while 循环流程图　　　　　　　　　（b）N-S 结构图

图 4-11　while 循环流程图与 N-S 结构图

2. 使用说明

在明确四要素的情况下，根据下面的位置放置。

```
循环变量初始化
while(表达式)
    {   循环语句;
         变量增值;
    }
```

3. while 循环的特点及其说明

特点：先判断表达式，后执行循环体。

说明：①循环体有可能一次也不执行；②循环体可以为任意类型语句。

当出现以下情况时，退出 while 循环。

（1）条件表达式不成立（为零）。

（2）循环体内遇到 break、return、goto 等语句。

4. 无限循环格式

无限循环（死循环）可以一直循环，这种循环在底层运用比较多。我们一般把条件直接写成 1，其语法格式为：

```
while(1)
    {
     循环体
    }
```

示例 2：编写程序，输出 10 次"愿我们的友谊地久天长"。

```
#include <stdio.h>
void main()
{
     int i=1;
     while(i<=10)
      {
```

```
        printf("愿我们的友谊地久天长\n");
        i++;
    }
}
```

4.2.3 典型案例

典型案例 1：使用 while 循环显示车辆一天 24 小时的电池状态。

1）分析过程

先看一看是否有相同的内容，发现有相同的内容，即"第%d 小时，正常"这句话被输出 24 次，由此可知循环变量的范围为 1～24。

2）查找循环四要素

循环体"第%d 小时，正常"。

初值   i=1。

判断条件 i<=24。

步长增量 i++。

3）算法分析

（1）定义变量 i。

（2）根据上述分析可知循环四要素的位置。

```
i=1;
 while(i<=24);
    { 输出"第%d 小时，正常";
     i++;
 }
```

典型案例 1 的流程图如图 4-12 所示。

代码如下：

```
#include "stdio.h"
void main()
{
    int i=0;
    while(i<=24)
    {
      i++;
      printf("第%d 小时，正常\n",i);
    }
}
```

典型案例 1 的运行结果如图 4-13 所示。

典型案例 2：某集团对驾驶员的工资根据是否出现交通事故而制定，如果没有出现交通事故，则驾驶员下一个月的工资会加 50 元。一个驾驶员去年 1 月的工资为 3000 元，假设该驾驶员全年没有出现交通事故，则计算这个驾驶员 12 月的工资及全年总工资（使用 while 循环来实现）。

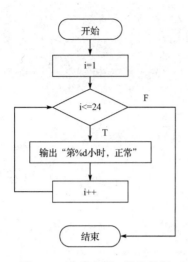

图 4-12　典型案例 1 的流程图　　　　图 4-13　典型案例 1 的运行结果

1）分析过程

初值 salary=3000;sum_salary =0; month=1;。

1 月 salary=salary+50;

　　　　sum_salary1=sum_salary+salary;。

2 月　salary2= salary1+50;

　　　　sum_salary2= sum_salary1+ salary2;。

…

12 月　salary12= salary11+50;

　　　　sum_salary 12= sum_salary 11+ salary12;。

2）查找循环四要素

初值　salary=3000; sum_salary =0;month=1;。

判断条件 month<=12。

步长增量　month++;。

循环体　salary=salary+50;

　　　　sum_salary= sum_salary+ salary;。

3）算法分析

（1）定义变量：月份 month、工资 salary、总工资 sum_salary。

（2）使用 while 循环编写程序。

```
初值
while(判断条件)
{
    循环体语句;
    步长增量;
}
```

（3）输出 12 月的工资及全年总工资。

典型案例 2 的流程图如图 4-14 所示。

代码如下：

```
#include "stdio.h"
void main()
{
    int month=1;
    int salary=3000;
    int sum_salary=0;
    while(month<=12)
    {
      salary=salary+50;
      sum_salary=sum_salary+salary;
        month++;
    }
    printf("这个驾驶员 12 月的工资为:%d \n",salary);
    printf("这个驾驶员一共领取的工资为:%d",sum_salary);
}
```

典型案例 2 的运行结果如图 4-15 所示。

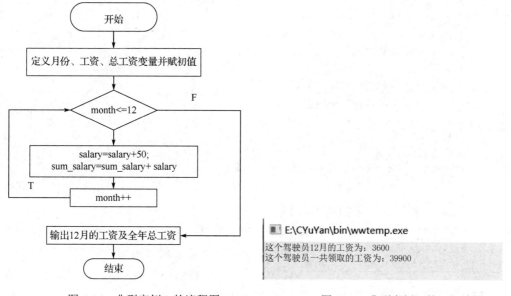

图 4-14　典型案例 2 的流程图　　　　　图 4-15　典型案例 2 的运行结果

典型案例 3：某集团对驾驶员的工资根据是否出现交通事故而制定，如果没有出现交通事故，则驾驶员下一个月的工资会增加上一个月工资的 10%。一个驾驶员 1 月的工资为 3000 元，假设该驾驶员全年没有出现交通事故，则计算这个驾驶员 12 月的工资及全年总工资（使用 while 循环来实现）。

1）分析过程

参考任务 4.1/典型案例 3 的分析过程。

2）算法分析

（1）定义变量：月份 month、工资 salary、总工资 sum_salary。

（2）使用 while 循环编写程序。

```
int salary=3000;
int sum_salary=0;
int month=1;
while(month<=12)
{
        salary=salary+(salary*0.1);
        sum_salary =sum_salary +salary;
        month++;
}
```

（3）输出 12 月的工资及全年总工资。

本典型案例 3 的流程图与任务 4.1/典型案例 3 的流程图类似，请参考。

代码如下：

```
#include "stdio.h"
void main()
{
    int month=1;
    int salary=3000;
    int sum_Salary =0;
    while(month<=12)
    {
      salary=salary+(salary*0.1);
      sum_salary =sum_salary +salary;
        month++;
    }
    printf("这个驾驶员 12 月的工资为:%d \n",salary);
    printf("这个驾驶员一共领取的工资为:%d",sum);
}
```

典型案例 3 的运行结果如图 4-16 所示。

```
E:\CYuYan\bin\wwtemp.exe
这个驾驶员12月份的工资为：9410
这个驾驶员一共领取的工资为：70548
```

图 4-16　典型案例 3 的运行结果

典型案例 4：已知汽车的电池随着使用年限的增加电池容量会下降，假设最初电池容量为 1，每年下降 10%，当电池容量小于 0.5 时，此时需要更换电池，计算电池的使用年限。

1）分析过程

初值 Battery_capacity =1;。

一年后 Battery_capacity1=Battery_capacity*0.9;。

二年后　Battery_capacity2=Battery_capacity1*0.9;。

…

N 年后　Battery_capacity$N$=Battery_capacity(N-1)*0.9;。

停止条件　Battery_capacity$N$<0.5。

2）查找循环四要素

初值 Battery_capacity =1;。

Battery_life=0;。

判断条件 Battery_capacity>=0.5; 与停止条件相反。

步长增量 Battery_life++;。

循环体 Battery_capacity=Battery_capacity*0.9;。

3）算法分析

（1）定义变量：电池容量 Battery_capacity、电池的使用年限 Battery_life。

（2）使用 while 循环编写程序。

```
Battery_capacity =1;
Battery_life=0;
while(Battery_capacity>=0.5)
{
Battery_capacity=Battery_capacity*0.9;
Battery_life++;
}
```

（3）输出电池的使用年限。

典型案例 4 的流程图如图 4-17 所示。

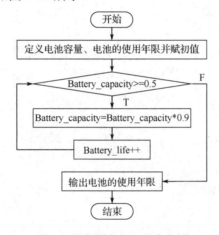

图 4-17 典型案例 4 的流程图

代码如下：

```
#include "stdio.h"
void main()
{
    double Battery_capacity=1;
    int Battery_life=0;
    while(Battery_capacity>=0.5)
    {
      Battery_capacity=Battery_capacity*0.9;
      Battery_life++;
    }
    printf("电池的使用年限为:%d",Battery_life);
}
```

典型案例 4 的运行结果如图 4-18 所示。

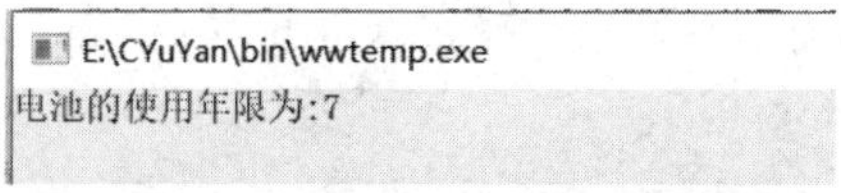

```
■ E:\CYuYan\bin\wwtemp.exe
电池的使用年限为:7
```

图 4-18　典型案例 4 的运行结果

典型案例 5：某新能源客车集团需要招收一个驾驶员，要求该驾驶员的驾驶证类型必须为 A，并且 3 年内没有出现任何交通事故。从键盘上输入驾驶员的驾驶证类型和驾驶安全年限，当满足条件时，输出"应聘条件合格，招聘结束"；当不满足条件时，输出"应聘条件不合格，请继续招聘"。

1）分析过程

初值：无。

循环体：输入驾驶员的驾驶证类型。

　　　　输入驾驶员的驾驶安全年限。

　　　　当满足条件时，输出"应聘条件合格；招聘结束"。

　　　　当不满足条件时，输出"应聘条件不合格，请继续招聘"。

停止循环条件：当驾驶证类型不为 A 并且安全年限≥3 时。

2）算法分析

（1）定义变量：驾驶员的驾驶证类型 Driver_LicenseType、驾驶安全年限 years。

（2）考虑四要素不足，但是有明确的停止循环条件，采用死循环模式。

```
while(1)
{
    输入驾驶证类型;
    输入驾驶安全年限;
    if(Driver_LicenseType=='A'&&years>=3)
    { printf("应聘条件合格，招聘结束");
      break;
    }
    else printf("应聘条件不合格，请继续招聘\n");
    }
}
```

典型案例 5 的流程图如图 4-19 所示。

代码如下：

```
#include "stdio.h"
void main()
{
    char Driver_LicenseType;
    int years;
    while(1)
    {
        printf("从键盘上输入驾驶员的驾驶证类型:");
        scanf(" %c",& Driver_LicenseType);
```

```
     printf("从键盘上输入驾驶员的驾驶安全年限:");
     scanf("%d",&years);
  if(Driver_LicenseType =='A'&&years>=3)
  { printf("应聘条件合格，招聘结束");
     break;
  }
     else printf("应聘条件不合格，请继续招聘\n");
  }
}
```

典型案例 5 的运行结果如 4-20 所示。

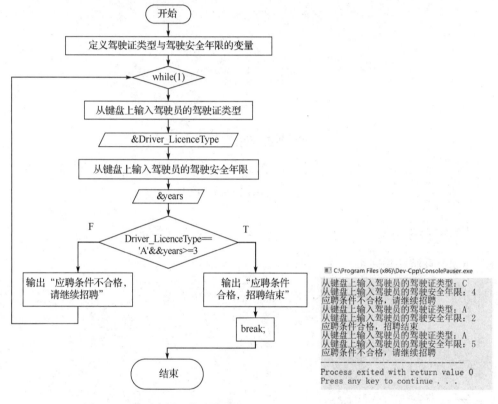

图 4-19 典型案例 5 的流程图   图 4-20 典型案例 5 的运行结果

4.2.4 任务分析与实践

算法分析如下。

（1）循环 8 次、确定初值、判断条件、步长增量。

（2）循环体"充电%d 小时，继续充"。

（3）当电池充电时间超过 8 小时时，输出"充满，请停止充电"。

任务 4.2 的流程图如图 4-21 所示。

代码如下：

```
#include "stdio.h"
void main()
```

```
{
    int i=0;
    while(i<=8)
    {
        printf("充电%d 小时，继续充\n",i);
        i++;
    }
    printf("充满，请停止充电");
}
```

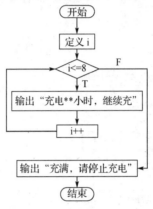

图 4-21　任务 4.2 的流程图

4.2.5　巩固练习

1. 使用循环结构重新编写下面的程序。

```
#include "stdio.h"
void main()
{
    int month,costofgas,sum=0;  //month 月份，costofgas 煤气费用，sum 总金额
    printf("请输入 1 月煤气费用:");
    scanf("%d",&costofgas);
    sum=sum+costofgas;
    printf("请输入 2 月煤气费用:");
    scanf("%d",&costofgas);
    sum=sum+costofgas;
    printf("请输入 3 月煤气费用:");
    scanf("%d",&costofgas);
    sum=sum+costofgas;
    printf("请输入 4 月煤气费用:");
    scanf("%d",&costofgas);
    sum=sum+costofgas;
    printf("请输入 5 月煤气费用:");
    scanf("%d",&costofgas);
    sum=sum+costofgas;
    printf("请输入 6 月煤气费用:");
```

```
    scanf("%d",&costofgas);
    sum=sum+costofgas;
    printf("请输入 7 月煤气费用:");
    scanf("%d",&costofgas);
    sum=sum+costofgas;
    printf("请输入 8 月煤气费用:");
    scanf("%d",&costofgas);
    sum=sum+costofgas;
    printf("请输入 9 月煤气费用:");
    scanf("%d",&costofgas);
    sum=sum+costofgas;
    printf("请输入 10 月煤气费用:");
    scanf("%d",&costofgas);
    sum=sum+costofgas;
    printf("请输入 11 月煤气费用:");
    scanf("%d",&costofgas);
    sum=sum+costofgas;
    printf("请输入 12 月煤气费用:");
    scanf("%d",&costofgas);
    sum=sum+costofgas;
    printf("该住户一年的煤气总费用是%d",sum);
}
```

2．编写程序，计算 1+1/2+1/3+…+1/11 的和。

3．编写程序，计算 200～300 之间的奇数和。

任务 4.3　固定时间内车辆电池状态实时监测（do…while 循环）

4.3.1　任务目标

某电池需要充电，当电池充电时间小于或等于 8 小时时，显示"充电%d 小时，继续充"；当电池充电时间超过 8 小时时，显示"充满，请停止充电"。程序运行结果如图 4-10 所示。

4.3.2　知识储备

do…while 循环一般也是在不确定循环次数时使用。与 while 循环、for 循环最大的区别是，do…while 循环是先执行再判断，一般至少执行一次循环体。

do…while 循环的语法格式为：

```
do
  {
      循环体
  }while（表达式）;
```

do…while 循环流程图如图 4-22（a）所示，N-S 结构图如图 4-22（b）所示。

注意：while(表达式)后面的分号 ";" 不能省略。

（a）do...while 循环流程图　　　　　（b）N-S 结构图

图 4-22　do-while 循环流程图与 N-S 结构图

do...while 循环一般四要素的位置为

```
初值
do
    {
        循环体语句;
        步长增量;
    }while（表达式）;
```

示例 3：假设有一张厚度为 0.5mm 且面积足够大的纸，将它不断对折，那么对折多少次后，其厚度可达到 8848m。

```
#include "stdio.h"
void main()
{   float h;
    int count;
    h=0.5/1000;
    count=0;
    while(h<=8848)
    { h=h*2;
      count=count+1;
    }
    printf("一共要对折%d次",count);
}
```

4.3.3　典型案例

典型案例 1：使用 do...while 循环显示车辆一天 24 小时的电池状态，其运行结果如图 4-13 所示。

1）分析过程

参考任务 4.2/典型案例 1 的分析过程。

2）算法分析

（1）定义变量：i。

（2）根据上述分析可知 do...while 四要素的位置。

```
i=1
do
   {  输出"第%d 小时，正常";
      i++
   } while(i<=24 );
```

典型案例 1 的流程图如图 4-23 所示，其运行结果如图 4-13 所示。

代码如下：

```
#include "stdio.h"
void main()
{
    int i =0;
    do
    {
      printf("第%d 个小时，正常\n",i);
    i ++;
    }while(i <=24);
}
```

典型案例 2：某集团对驾驶员的工资根据是否出现交通事故而制定，如果没有出现交通事故，则驾驶员下一个月的工资会加 50 元。一个驾驶员去年 1 月的工资为 3000 元，假设该驾驶员全年没有出现交通事故，则计算这个驾驶员 12 月的工资及全年总工资（使用 do…while 循环来实现）。

1）分析过程

参考任务 4.2/典型案例 2 的分析过程。

2）算法分析

（1）定义变量：月份 month、工资 salary、总工资 sum_salary。

（2）使用 do…while 循环编写程序。

```
初值
do
{
    循环体语句;
    步长增量;
} while(判断条件);
```

（3）输出 12 月的工资及全年总工资。

典型案例 2 的流程图如图 4-24 所示，其运行结果如图 4-15 所示。

代码如下：

```
#include "stdio.h"
void main()
{
    int month=1;
    int salary=3000;
    int sum_salary=0;
```

```
    do
    {
      salary=salary+50;
      sum_salary=sum_salary+salary;
      month++;
    }while(month<=12);
    printf("这个驾驶员 12 月的工资为:%d\n",salary);
    printf("这个驾驶员一共领取的工资为:%d",sum_salary);
}
```

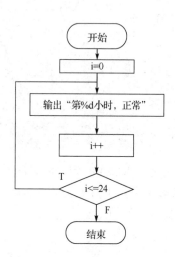

图 4-23　典型案例 1 的流程图

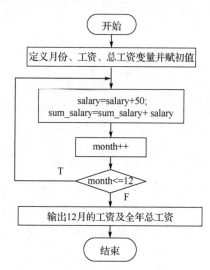

图 4-24　典型案例 2 的流程图

典型案例 3：某集团对驾驶员的工资根据是否出现交通事故而制定，如果没有出现交通事故，则驾驶员下一个月的工资会增加上一个月工资的 10%。一个驾驶员 1 月的工资为 3000 元，假设该驾驶员全年没有出现交通事故，则计算这个驾驶员 12 月的工资及全年总工资（使用 do…while 循环来实现）。

1）分析过程

参考任务 4.1/典型案例 3 的分析过程。

2）算法分析

（1）定义变量：月份 month、工资 salary、总工资 sum_salary。

（2）使用 do…while 循环编写程序。

```
int salary=3000;
int sum_salary=0;
int month=1;
do
    {   salary=salary+(salary*0.1);
        sum_salary=sum_salary +salary;
        month++;
    } while(month<=12 );
```

典型案例 3 的流程图如图 4-25 所示，其运行结果如图 4-16 所示。

代码如下：

```
#include "stdio.h"
void main()
{
    int month=1;
    double salary=3000;
    double sum_salary=0;
    do
    {   salary=salary+(salary*0.1);
      sum_salary =sum_salary +salary;
        month++;
    } while(month<=12);
    printf("这个驾驶员12月份的工资为:%.2lf\n",salary);
    printf("这个驾驶员一共领取的工资为:%.2lf",sum_salary);
}
```

典型案例 4：已知汽车的电池随着使用年限的增加电池容量会下降，假设最初电池容量为 1，每年下降 10%，当电池容量小于 0.5 时，此时需要更换电池，计算电池的使用年限（使用 do…while 循环来实现）。

1）分析过程

参考任务 4.2/典型案例 4 的分析过程。

2）算法分析

（1）定义变量：电池容量 Battery_capacity、电池的使用年限 Battery_life。

（2）使用 do…while 循环编写程序。

```
Battery_capacity =1;
Battery_life=0;
do
{
Battery_capacity=Battery_capacity*0.9;
Battery_life++;
} while(Battery_capacity>=0.5);
```

（3）输出电池的使用年限。

典型案例 4 的流程图如图 4-26 所示，其运行结果如图 4-18 所示。

代码如下：

```
#include "stdio.h"
void main()
{
    double Battery_capacity=1;
    int Battery_life=0;
    do
    {
Battery_capacity=Battery_capacity*0.9;
Battery_life++;
```

```
    }while(Battery_capacity>=0.5);
    printf("电池的使用年限为:%d",Battery_life);
}
```

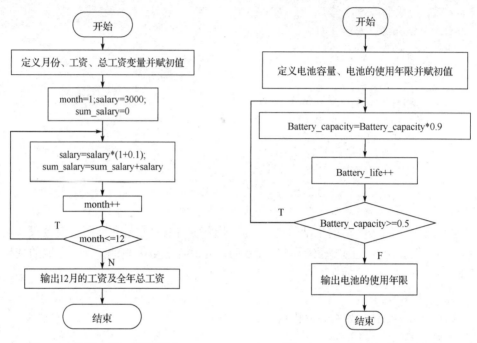

图 4-25　典型案例 3 的流程图　　　　图 4-26　典型案例 4 的流程图

典型案例 5：某新能源客车集团需要招收一个驾驶员，要求该驾驶员的驾驶证类型必须为 A 并且 3 年内没有出现任何交通事故。从键盘上输入驾驶员的驾驶证类型和驾驶安全年限，当满足条件时，输出"应聘条件合格，招聘结束"；当不满足条件时，输出"应聘条件不合格，请继续招聘"（使用 do…while 循环来实现）。

1）分析过程

参考任务 4.2/典型案例 5 的分析过程。

2）算法分析

（1）定义变量：驾驶证类型 Driver_LicenseType、驾驶安全年限 years。

（2）考虑四要素不足，但是有明确的停止循环条件，采用死循环模式。

```
do
{
    输入驾驶证类型;
    输入驾驶安全年限;
    if(Driver_LicenseType=='A'&&years>=3)
    { printf("应聘条件合格，招聘结束");
      break;
      }
      else printf("应聘条件不合格，请继续招聘\n");
      }
} while(1);
```

典型案例 5 的流程图如图 4-27 所示，其运行结果如图 4-20 所示。

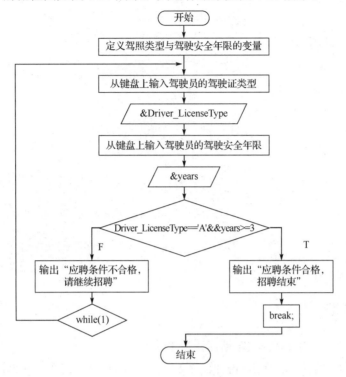

图 4-27   典型案例 5 的流程图

代码如下：

```
#include "stdio.h"
void main()
{
    char Driver_LicenseType;
    int years;
    do
    {
        printf("从键盘上输入驾驶员的驾驶证类型:");
        scanf("%c",&Driver_LicenseType);
        printf("从键盘上输入驾驶员的驾驶安全年限:");
        scanf("%d",&years);
        if(Driver_LicenseType =='A'&&years>=3)
        {
            printf("应聘条件合格，招聘结束\n");
            break;
        }else printf("应聘条件不合格，请继续招聘\n");
    }while(1);
}
```

4.3.4 任务分析与实践

算法分析如下。

（1）循环 8 次、确定初值、判断条件、步长增量。

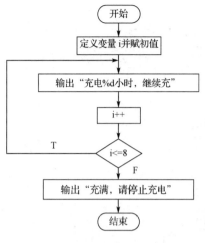

图 4-28　任务 4.3 的流程图

（2）循环体："充电%d 小时，继续充"。

（3）当电池充电时间超过 8 小时时，输出"充满，请停止充电"。

任务 4.3 的流程图如图 4-28 所示。

代码如下：

```
#include "stdio.h"
void main()
{   int i=1;
    do
    {
        printf("充电%d 个小时,继续充\n",times);
    }while(i<=8);
    printf("充满，请停止充电");

}
```

4.3.5　巩固练习

1．编写程序，使用 do…while 循环计算 1+3+5+7+…+101 的和。

2．编写程序，使用 do…while 循环计算 1+2+3+…+n 的和，其中，从键盘上输入 n 的值。

3．编写程序，使用 do…while 循环计算 1+1/3+1/5+1/7+…+1/21 的和。

任务 4.4　固定时间内车辆电池故障数判别（循环+选择）

4.4.1　任务目标

当某新能源汽车的电池使用 1～3 小时时，输出"车辆已经使用%d 小时，请继续使用"；当使用 4～6 小时时，输出"车辆已经使用%d 小时，正常"；当使用 7～8 小时时，输出"车辆已经使用%d 小时，请尽快充电"。程序运行结果如图 4-29 所示。

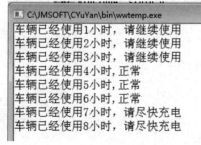

图 4-29　程序运行结果

4.4.2　知识储备

break 语句的语法格式为：

```
break;
```

break 语句用于从循环体内跳出循环，即提前结束循环，接着执行循环语句下面的一条语句。break 语句在循环中的流程图如图 4-30 所示。

示例 4：从键盘上输入一个整数，判断该数是否为素数。

```
#include <stdio.h>
void main( )
{
        int i,m;
    printf("请输入一个整数:");
    scanf("%d",&m);
    for(i=2;i<m;i++)
        if(m%i==0) break;
    if(i<m)
        printf("%d 不是素数\n",m);
    else
        printf("%d 是素数\n",m);
    }
```

图 4-30　break 语句在循环中的流程图

4.4.3　典型案例

典型案例 1：某车辆装载的货物箱数量的范围为 100～200，货物箱数量满足对 5 求余为 3，对 6 求余 4，计算货物箱的数量。

1）分析过程

根据数据范围 100～200 可以确定初值、判断条件、步长增量。

循环体：使用 if 语句对 5 求余为 3，对 6 求余 4，输出货物箱数量。

2）算法分析

（1）定义变量：货物箱数量 quantity。

（2）有明确的范围可以考虑使用 for 循环。

典型案例 1 的流程图如图 4-31 所示。

代码如下：

```
#include "stdio.h"
void main()
{
    int quantity;
    for(quantity=100;quantity<=200;quantity++)
    {
     if(quantity%5==3&&quantity%6==4)
     printf("货物箱的数量可能为%d\n",quantity);
    }
}
```

典型案例 1 的运行结果如图 4-32 所示。

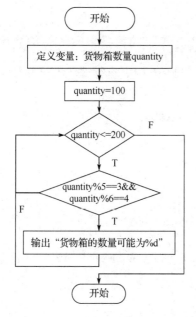

图 4-31　典型案例 1 的流程图

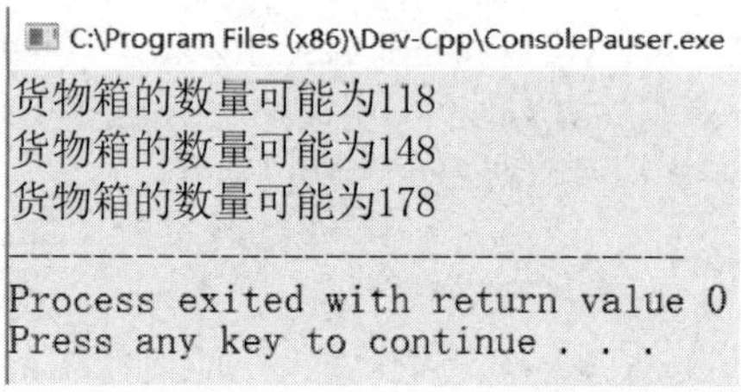

图 4-32　典型案例 1 的运行结果

典型案例 2：小张购买了一辆新能源汽车，此汽车可以行驶的最高里程为 280km/h。假设小张的家距离单位 10km，每个星期六需要出去游玩，游玩地距离小张家为 50km，当汽车行驶到 250km 以上时，需要为汽车充满一次电，小张星期一到星期五在单位为汽车充电，输出汽车在 3 月充电的次数。

分析过程如下。

（1）假设 3 月 1 日为星期一，使用时间为 3 月 1 日～3 月 31 日，可以确定循环三要素，即初值、判断条件、步长增量。

（2）循环体情况分析。

当星期一到星期五时，如果汽车的行驶距离<30km，则统计充电次数，行驶距离为-20km。

当星期六时，如果汽车的行驶距离<100km，则统计充电次数，行驶距离为-100km。

（3）输出充电次数。

典型案例 2 的流程图如图 4-33 所示。

代码如下：

```
#include"stdio.h"
void main()
{
    //最高里程max、单位距离distance1、游玩距离distance2、充电次数count
    int max=280,distance1=10,distance2=50,count=0,day;
    for(day=1;day<=31;day++)
    {
      if(day%7!=0&&day%7!=6)
          {
                if(max<30)
```

```
            {
                printf("%d 号需要充电\n",day);
                count++;
                max=280;
            }
            max=max-(distance1*2);
        }
    if(day%7==6)    {
                        if(max<100)
                        {
                            printf("%d 号需要充电\n",day);
                            count++;
                            max=280;
                        }
                        max=max-(distance2)*2;
                }
    }
    printf("共充电%d 次\n",count);
}
```

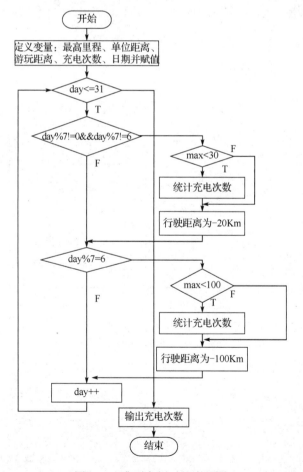

图 4-33　典型案例 2 的流程图

典型案例 2 的运行结果如图 4-34 所示。

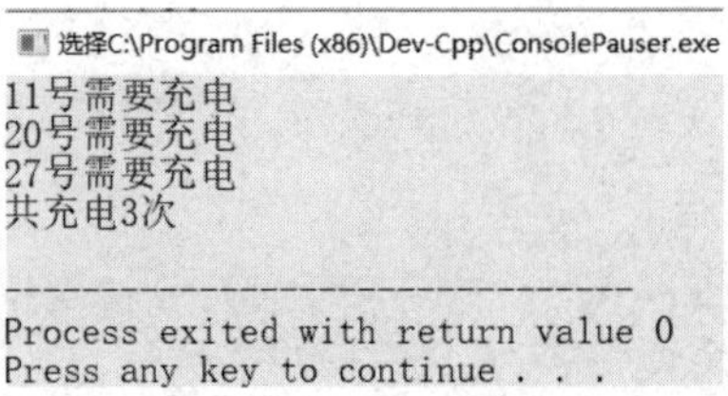

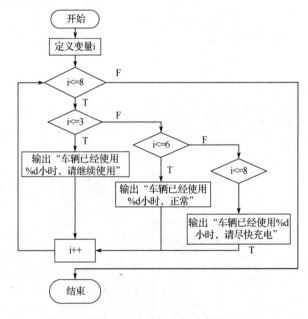

```
■ 选择C:\Program Files (x86)\Dev-Cpp\ConsolePauser.exe
11号需要充电
20号需要充电
27号需要充电
共充电3次
--------------------------------
Process exited with return value 0
Press any key to continue . . .
```

图 4-34　典型案例 2 的运行结果

4.4.4　任务分析与实践

算法分析如下。

（1）根据范围 1～8 可以确定三要素。

（2）循环体分析。

当 1≤i≤3 时，输出"车辆已经使用%d 小时，请继续使用"。

当 4≤i≤6 时，输出"车辆已经使用%d 小时，正常"。

当 7≤i≤8 时，输出"车辆已经使用%d 小时，请尽快充电"。

任务 4.4 的流程图如图 4-35 所示。

图 4-35　任务 4.4 的流程图

代码如下：

```c
#include "stdio.h"
void main()
{
    int i;
    for(i=1;i<=8;i++)
    if(i<=3)  printf("车辆已经使用%d 小时，请继续使用\n",i);
    else if(i<=6)  printf("车辆已经使用%d 小时，正常\n",i);
```

```
      else if(i<=8)  printf("车辆已经使用%d 小时，请尽快充电\n",i);
}
```

4.4.5　巩固练习

1. 编写程序，输出 100 以内能被 3 整除且个位数为 6 的所有整数。
2. 编写程序，计算 200～300 之间的偶数之和，并将其输出。
3. 编写程序，输出 1000 以内所有"水仙花数"（水仙花数是指一个 3 位十进制数，该数的各个位数立方之和等于该数本身，如 153）。

任务 4.5　输出车辆停放效果图（嵌套循环）

4.5.1　任务目标

某集团车辆停放位置是一个正三角形。编写程序，输出该正三角形，如图 4-36 所示。

4.5.2　知识储备

一个循环体内又包含另一个完整的循环结构称为"循环的嵌套"（又被称为"嵌套循环"）。for 循环、while 循环、do…while 循环都可以互相嵌套。

图 4-36　程序运行结果

下面是嵌套循环常见的几种形式。

```
(1) while( )              (4) while( )
     {…                        {…
      while( )                   do
        {…}                      {…}
       }                        while( );
                               …
                               }
(2) do                    (5) for(; ;)
     {…                        {…
      do                        while( )
      {…}                       {…}
     while( );                  …
     }                         }
    while( );
(3) for(; ;)              (6) do
     {                         {…
      for(; ;)                   for(; ;)
       {…}                       {…}
      }                         }
                              while( );
```

示例 5：输出九九乘法表，如图 4-37 所示。

```c
#include <stdio.h>
    void main( )
    {
        int i,j;
        for(i=1;i<=9;i++)
        {
            for(j=1;j<=i;j++)
                printf("%d*%d=%-2d  ",i,j,i*j);
            printf("\n");
        }
    }
```

```
1*1= 1
2*1=2  2*2= 4
3*1=3  3*2=6  3*3=9
4*1=4  4*2=8  4*3=12  4*4=16
5*1=5  5*2=10  5*3=15  5*4=20  5*5=25
6*1=6  6*2=12  6*3=18  6*4=24  6*5=30  6*6=36
7*1=7  7*2=14  7*3=21  7*4=28  7*5=35  7*6=42  7*7=49
8*1=8  8*2=16  8*3=24  8*4=32  8*5=40  8*6=48  8*7=56  8*8=64
9*1=9  9*2=18  9*3=27  9*4=36  9*5=45  9*6=54  9*7=63  9*8=72  9*9=81
```

图 4-37 九九乘法表

4.5.3 典型案例

典型案例 1：某集团车辆停放位置是一个倒三角形。编写程序，输出该倒三角形，如图 4-38 所示。

典型案例 1 的流程图如图 4-39 所示。

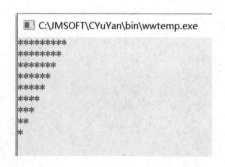

图 4-38 典型案例 1 的运行结果

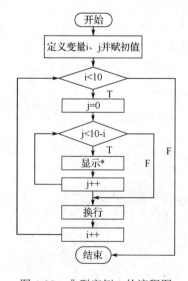

图 4-39 典型案例 1 的流程图

代码如下：

```
#include <stdio.h>
void main()
{
    int i,j;
    for(i=1;i<10;i++)
    {  for(j=0;j<10-i;j++)
          printf("*",i);
        printf("\n");
    }
}
```

典型案例 2：某新能源客车集团需要驾驶人员 20 人，其中驾龄 10 年以上的驾驶员的工资为 10000 元，驾龄 5 年以上的驾驶员的工资为 6000 元，驾龄 1 年以上的驾驶员的工资为 3000 元，目前集团每个月能发放的工资为 12.5 万元，请问需要驾龄 10 年以上、驾龄 5 年以上、驾龄 1 年以上的驾驶员分别有几人。

算法分析如下。

（1）此题采用穷举法，根据一个月能发放的工资 12.5 万元，驾龄 10 年的驾驶员最多有 12 人，驾龄 5 年的驾驶员最多有 17 人，驾龄 1 年的驾驶员最多有 20 人。在计算时有以下 3 层循环。

- 第 1 层：驾龄 1 年的人数范围为 0～20。
- 第 2 层：驾龄 5 年的人数范围为 0～17。
- 第 3 层：驾龄 10 年的人数范围为 1～12。

（2）循环内的判断条件：当驾龄 1 年的人数+驾龄 5 年的人数+驾龄 10 年的人数=20，并且驾龄 1 年的工资发放+驾龄 5 年的工资发放+驾龄 10 年的工资发放=12.5 万元时，满足条件输出人数。

代码如下：

```
#include"stdio.h"
void main()
{
    int driver1,driver5,driver10;
    for(driver1=0;driver1<=20;driver1++)
      for(driver5=0;driver5<=20;driver5++)
        for(driver10=0;driver10<=10;driver10++)
                    {
                          if(3*driver1+6*driver5+10*driver10==125&&
driver1+driver5+driver10==20)
                        printf("需要10年的驾驶员%d人,需要5年的驾驶员%d人,需要1 年
的驾驶员%d 人\n", driver10,driver5,driver1);
                    }
}
```

典型案例 2 的运行结果如图 4-40 所示。

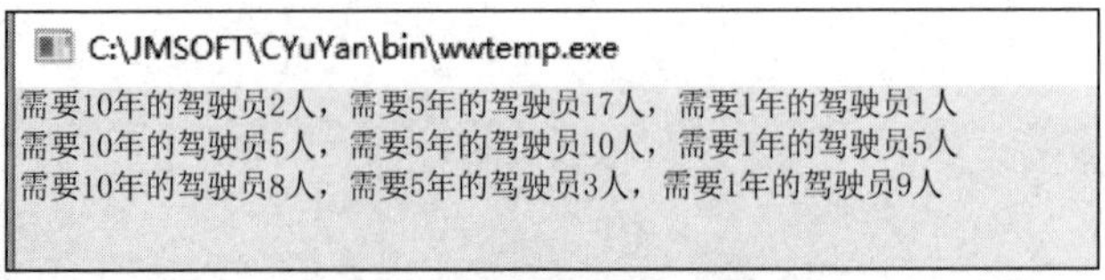

C:\JMSOFT\CYuYan\bin\wwtemp.exe
需要10年的驾驶员2人，需要5年的驾驶员17人，需要1年的驾驶员1人
需要10年的驾驶员5人，需要5年的驾驶员10人，需要1年的驾驶员5人
需要10年的驾驶员8人，需要5年的驾驶员3人，需要1年的驾驶员9人

图 4-40　典型案例 2 的运行结果

4.5.4　任务分析与实践

算法分析如下。

（1）定义变量 i、j。

（2）循环嵌套。

（3）输出正三角形。

代码如下：

```c
void main()
{
    int i,j;
    for(i=1;i<10;i++)
    { for(j=0;j<i;j++)
        printf("*",i);
        printf("\n");
    }
}
```

4.5.5　巩固练习

1．编写程序解百鸡问题。1 只公鸡 5 文钱，1 只母鸡 3 文钱，3 只小鸡 1 文钱。现在用 100 文钱购买 100 只鸡，计算分别能购买多少只公鸡、母鸡、小鸡。

2．已知 $xy-yx=45$，求解 x 和 y 的值，编写程序来实现。

3．公安人员正在审问四名窃贼嫌疑犯。已知这四人当中仅有一名是窃贼，知道这四人中谁诚实，谁总说谎。甲、乙、丙、丁回答公安人员的问题如下。

甲说："乙没有偷，是丁偷的。"

乙说："我没有偷，是丙偷的。"

丙说："甲没有偷，是乙偷的。"

丁说："我没有偷。"

编写程序，请根据这四人的答话判断谁是盗窃者。

4．《天方夜谭》中有这样一个故事：有一群鸽子飞过一棵高高的树，有一部分鸽子落在树上，其余的鸽子落在树下。一只落在树上的鸽子观察了一会儿，对树下的鸽子说："如果飞上来一只鸽子，则树下的鸽子数量就是鸽群的 1/3；如果飞下去一只鸽子，则树上与树下的鸽子数量恰好相等。"编写程序，计算出树上、树下各有多少只鸽子。

同步训练

一、选择题

1. 下面关于 for 循环正确描述的是（   ）。

    A. for 循环只能用于循环次数已经确定的情况

    B. for 循环是先执行循环体语句，再判断表达式

    C. 在 for 循环中，不能用 break 语句跳出循环体

    D. for 循环体中可以包含多条语句，但要用花括号括起来

2. 如果变量 i、j 已被定义为 int 类型，则以下程序段中内循环体总的执行次数是（   ）。

```
for (i=5;i;i--)
for (j=0;j<4;j++){...}
```

    A. 20   B. 25   C. 24   D. 30

3. 以下 for 循环是（   ）。

```
for(x=0,y=0;(y!=123) && (x<4);x++)
```

    A. 无限循环   B. 循环次数不定

    C. 执行 4 次   D. 执行 3 次

4. 有以下程序段：

```
int k=0;
while(k=5)
k++;
```

while 执行循环的次数为（   ）。

    A. 无限次   B. 有语法错误，不执行

    C. 执行一次   D. 一次也不执行

5. 假设有程序段

```
int k=22;
while(k=0) k=k-1;
```

则以下描述正确的是（   ）。

    A. while 循环执行 10 次   B. while 循环是无限循环

    C. 一次也不执行循环体语句   D. 执行一次循环体语句

6. 下面程序段的运行结果是（   ）。

```
a=1;b=2;c=2;
while(a<b<c){t=a;a=b;b=t;c--;}
printf("%d,%d,%d",a,b,c);
```

    A. 1,2,0   B. 2,1,0   C. 1,2,1   D. 2,1,1

7. while(!E);语句中的!E 等价于（　　）。

  A．E= =0   B．E!=1   C．E!=0   D．E= =1

8. 在 C 语言中，while 和 do…while 循环的主要区别是（　　）。

  A．do…while 的循环体不能是复合语句

  B．do…while 允许从循环体外转到循环体内

  C．while 的循环体至少被执行一次

  D．do…while 的循环体至少被执行一次

9. 下面关于 while 和 do…while 循环的说法正确的是（　　）。

  A．与 do…while 语句不同的是，while 语句的循环体至少被执行一次

  B．do…while 语句首先计算终止条件，当满足条件时，才执行循环体中的语句

  C．两种循环除格式不同外，其功能完全相同

  D．以上答案都不正确

二、填空题

1. 输出 100 以内的所有奇数之和。

```c
#include<stdio.h>
void main (){
    int sum=0,i=1;
    while (_____)
    {
        sum+=i;
        i+=2;  //控制变量的增量
    }
    printf("sum=%d\n",sum);
}
```

2. 计算表达式 1−1/2+1/3−1/4+1/5···1/100 的值。

```c
#include<stdio.h>
void main ()
{
    double s=0.0, item;
    int sign=1,n=1;
    while(_____)
    {
        item=sign*(1.0/n);
        s+=item;
        sign*=-1;
        n++;
    }
    printf("sum=%lf\n",_____));
}
```

3. 统计从键盘上输入的一行字符的个数。

```c
#include <stdio.h>
```

```
void main(){
    int n=0;
    printf("Input a string:");
    while((_____)='\n')
    n++;
    printf("Number of characters: %d\n", n);
}
```

4. 从键盘上输入一组字符，统计大写字母的个数（m）和小写字母的个数（n），比较并输出 m、n 中的最大值。

```
#include<stdio.h>
void main() {
int m=0,n=0;
char c;
while((_____)!='\n') {
if(c>='A'&&c<='Z') m++;
if(c>='a'&&c<='z') n++;
 }
printf("%d\n",m<n? _____);}
```

5. 编写程序实现猜数字游戏，假设谜底为 0~10 的整数，猜谜者每次输入一个整数，直到猜对为止。

```
#include<stdio.h>
void main ( ){
    int pwd=7,gs; //pwd：谜底变量
    printf ("\tGames Begin\n");
    do{
        printf("Please guess (0~10):");
        scanf("%d",&gs);
    }while(_____);
    printf ("\tSucceed!\n");
    printf ("\tGaines over\n");
}
```

6. 编写程序，计算"一元二次方程"。

```
# include <stdio.h>
# include <math.h>
void main(void)
{
    float a, b, c;          //定义一元二次方程的 3 个系数
    char k;                 //用于后面判断是否要继续输入
    //delta 变量用于存储b*b - 4*a*c 的值；x1 和 x2 的值分别为方程的解
    double delta, x1, x2;
    do
    {
        //输入一元二次方程的 3 个系数 a、b、c
        printf("请输入一元二次方程的 3 个系数，用回车分隔:\n");
```

```
        printf("a = ");
        scanf("%f", &a);
        //容错处理，scanf 语句后面都添加这条语句，其作用是清空输入缓冲区，以防用户乱输入
        while(getchar() != '\n');
        printf("b = ");
        scanf("%f", &b);
        while(getchar() != '\n');
        printf("c = ");
        scanf("%f", &c);
        while(getchar() != '\n');
        delta = b*b - 4*a*c;
        //判断 delta 的值是大于零、等于零，还是小于零
        if (delta > 0)
        {
            x1 = (-b +sqrt(delta)) / (2*a);
            x2 = (-b -sqrt(delta)) / (2*a);
            printf("有两个解, x1 = %f, x2 = %f\n", x1, x2);
        }
        else if (0 == delta)
        {
            x1 = x2 = (-b) / (2*a);
            printf("有唯一解, x1 = x2 = %f\n", x1);
        }
        else
        {
            printf("无实数解\n");
        }
        //询问是否想继续输入
        printf("您想继续吗, Y 想, N 不想:");
        scanf("%c", &k);   //输入 Y 或 N, Y 表示"想", N 表示"不想"
        while(getchar() != '\n');
    }
    while (_____);
}
```

输出结果为：

```
请输入一元二次方程的 3 个系数, 用回车分隔:
a = 1
b = 5
c = 6
有两个解, x1 = -2.000000, x2 = -3.000000
您想继续吗, Y 想, N 不想:Y
请输入一元二次方程的 3 个系数, 用回车分隔:
a = 2
b = 3
c = 4 无实数解
您想继续吗, Y 想, N 不想:N
```

三、编程题

1．编写程序，实现整数的累加之和，当输入的整数小于或等于 0 时结束输入，程序运行结果如图 4-41 所示。

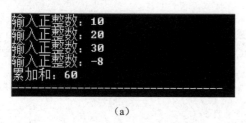
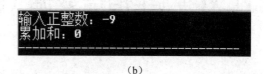

（a）　　　　　　　　　　　　　　　　（b）

图 4-41　计算整数的累加之和

2．编写程序，使用 do…while 循环来统计字符的个数，如图 4-42 所示。

提示：c >='a'&& c <='z'···相应的保存字符数量的变量值增加 1。

图 4-42　统计字数的个数

3．一个皮球从 100m 高度自由落下，每次落地后反弹回原高度的一半，再落下，再反弹。编写程序，计算当皮球第 10 次落地时，共经过了多少米，第 10 次反弹多高？

4．编写程序，假设有数字 1、2、3、4，则能组成多少个互不相同且无重复数字的 3 位数，并输出这些数字。

5．编写程序，已知 a、b、c 都是 1 位整数，求当 3 位整数 abc、cba 的和为 1333 时，a、b、c 的值。

6．编写程序，鸡兔同笼，总头数为 30 个，总脚数为 90 个，问鸡和兔各多少只。

7．编写程序，输出 100 以内所有的素数（质数）。

8．编写程序，从键盘上输入两个数字，求它们的最小公倍数。

05 | 项目 5
汽车销售数据（数组）

学习目标

知识目标
- 熟悉一维数组的概念、定义、引用、初始化。
- 熟悉二维数组的概念、定义、引用、初始化。
- 熟悉字符数组的概念、定义、引用、初始化。
- 了解字符串处理函数。

能力目标
- 能够掌握一维数组、二维数组和字符数组的定义与初始化格式，实现数据的输入与输出。
- 能够熟练地应用数组进行数据的查找、排序等。

情景设置

4S 店每年或每月都要对店内的销售数据进行分析，这个时候就需要统计每年或每月的总销售量、每个销售员的年销售量、月销售量及各月销售的增减量等。

任务 5.1　输出某品牌新能源客车 1～6 月的销售量（一维数组的输入与输出）

5.1.1　任务目标

编写程序，输出某品牌新能源客车 1～6 月的销售量，即 60、54、50、70、36、51（销售量单位为辆）。

5.1.2　知识储备

前文已经介绍了定义变量的方法，但是当我们需要批量处理问题时，就会遇到很大的麻烦。例如，一个车队有 100 名人员，那么是否需要定义 100 个变量，显然不能，这时就需要引入一种新的类型——数组，它可以批量定义变量。

1. 数组的定义

数组是具有相同类型的数据项的序列，是一种用于表示大量同类值的数据类型。一般来说，我们可以通过下标访问数组的元素。

2. 一维数组

程序中经常使用同类的数据，如要处理一些成绩，可以声明 int grade1,grade2,grade3;，但如果成绩数量很多，就要使用大量的标识符进行表示，且标识符必须唯一，这样做是很麻烦的，此时可以使用数组，利用下标访问数组的各个元素。为了在程序中使用 grade[0]、grade[1]、grade[2]，可以声明 int grade[3]，声明中的整数 3 表示数组的长度，即数组中元素的个数。数组元素的下标总是从 0 开始的。

一维数组声明是一个类型后面跟一个带有方括号括起来的常量表达式的标识符。常量表达式指定了数组的长度，但它的值必须是正数，用于指定数组中元素的个数。为了存储数组的元素，编译器会分配从一个基地址开始的适当大小的内存。

3. 一维数组的初始化

当定义一个数组时，系统根据类型说明，分配由常量表达式所指定的相应数量的存储单元，一个存储单元对应一个数组元素。

数组的初始化实质上就是在定义数组时，为每一个数组元素赋初值。数组的初始化是在编译阶段完成的，不占用运行时间。这样可以使数组元素在程序运行前就被赋初值，从而节约了程序的运行时间，提高了程序的运行速度。

一维数组的初始化可以分为以下几种情况。

（1）给全部数组元素赋初值。

例如：

```
int array[8]={1,2,3,4,5,6,7,8};
```

在给全部数组元素赋初值的情况下，也可以写成如下形式：

```
int array[ ]={1,2,3,4,5,6,7,8};
```

系统会根据{}中的 8 个数字自动定义数组 array 的长度为 8。

（2）给部分元素赋值。

在定义一个数组时，可以只给部分元素赋初值，但不能越过前面的元素给后面的元素的赋值。后面未被赋值的元素根据其数据类型自动取为 0 或'\0'。

例如：

```
int a[6]={1,2,3};          //等价于 int a[6]={1,2,3,0,0,0};*/
char c[4]={'a', 'b'};      //等价于 char c[4]={'a', 'b', '\0', '\0'}
```

4. 一维数组元素的引用

数组是一组数组元素的顺序集合，数组名代表整个数组存储空间的首地址。当我们对数组进行操作时，不能对整个数组进行操作，只能对其中的数组元素进行操作。

一维数组元素的引用方式为：

数组名[下标表达式]

其中，下标表达式：该数组元素在数组中的位置。

如果定义了一维数组 int grade[3]，则 grade[0]、grade[2]、grade[i]、grade[i+j]都是数组元素合法的引用形式，但要注意下标的取值范围，它的下限为 0，上限为数组长度-1。

示例 1：从键盘上输入 10 个学生的 C 语言成绩，并输出每个学生的 C 语言成绩。

```
#include "stdio.h"                            //头文件
#define  N  10                                //定义符号常量
void main()                                   //主函数
{
    int grade[N],i;                           //定义 int 类型数组 grade
    for(i=0;i<N;i++)
     scanf("%d",&grade[i]);                   //通过输入语句对数组元素赋值
    for(i=0;i<N;i++)
      printf("%d 号的 C 语言成绩为%d\n",i+1, grade[i]);   //输出数组元素
}
```

示例 1 的运行结果如图 5-1 所示。

解析：

数组 grade 需要存储 10 个整数值的内存空间。假设使用 4 字节存储一个 int 类型的值，如果 grade[0]存储地址为 2000，那么其余的数组元素连续的存储地址为 2004、2008、2012、2016、2020、2024、2028、2032、2036，如表 5-1 所示。

表 5-1　数组中的数据存储

图 5-1　示例 1 的运行结果

存储地址	数值	数组地址
地址 2000	89	grade[0]
地址 2004	98	grade[1]
地址 2008	76	grade[2]
地址 2012	67	grade[3]
地址 2016	78	grade[4]
地址 2020	87	grade[5]
地址 2024	88	grade[6]
地址 2028	66	grade[7]
地址 2032	99	grade[8]
地址 2036	79	grade[9]

第 2 行代码，把数组的长度定义为符号常量，这是一种良好的编程习惯。因为很多代码要依赖这个值，要改变数组的大小，用户可以在#define 中很方便地改变该值。通常把变量 i 当作数组的下标变量。第 6～7 行代码是一种处理全部数组元素的关键性习惯用法。一般下标变量从 0 开始，一直到 $N-1$。

5.1.3 典型案例

典型案例 1：已知某品牌 4S 店 1～12 月的销售量分别为 10、12、15、14、16、8、7、14、16、17、11、12，输出 1～12 月的销售量（销售量单位为辆）。

算法分析如下。

（1）定义变量：销售量 i。

（2）输入销售量（注意数组格式）。

（3）输出销售量。

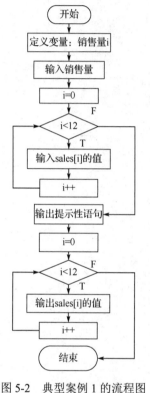

图 5-2 典型案例 1 的流程图

典型案例 1 的流程图如图 5-2 所示。

代码如下：

```c
#include "stdio.h"
void main()
{
    int sales[12];
    int i;
    printf("请输入销售量：(12 个月)\n");
    for(i=0;i<12;i++)
    {
      printf ("%d 月",i+1);
      scanf("%d",&sales[i]);
    }
    printf("1~12 月某品牌 4S 店销售情况表：\n");
    printf("1 月\t2 月\t3 月\t4 月\t5 月\t6 月\t7 月\t8 月\t9 月\t10 月\t11 月\t12 月\n");
    for(i=0;i<12;i++)
    {
    printf("%d\t",sales[i]);
    }
    printf("\n");
}
```

典型案例 1 的运行结果如图 5-3 所示。

```
C:\JMSOFT\CYuYan\bin\wwtemp.exe
请输入销售量：(12 个月)
1 月10
2 月12
3 月15
4 月14
5 月16
6 月8
7 月7
8 月14
9 月15
10 月17
11 月11
12 月12
1~12 月某品牌 4S 店销售情况表：
1 月    2 月    3 月    4 月    5 月    6 月    7 月    8 月    9 月    10 月   11 月   12 月
10      12      15      14      16      8       7       14      15      17      11      12
```

图 5-3 典型案例 1 的运行结果

典型案例 2：表 5-2 所示为某品牌新能源小型客车在不同时段的耗油量，从键盘上输入各个时段的耗油量，计算该小型客车的平均耗油量。

表 5-2　时段和耗油量

时段	时段 1	时段 2	时段 3	时段 4	时段 5	时段 6	时段 7	时段 8	时段 9
耗油量/升	8.5	8.8	9.2	10.1	7.8	8.6	8.7	8.7	9.5

算法分析如下。

（1）定义变量：耗油量 oilconsumption，总耗油量 sum_oilconsumption，平均耗油量 avg_oilconsumption、i。

（2）计算总耗油量。

（3）计算平均耗油量。

（4）输出平均耗油量。

典型案例 2 的流程图如图 5-4 所示。

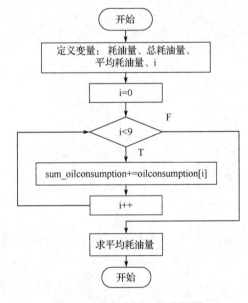

图 5-4　典型案例 2 的流程图

代码如下：

```c
#include"stdio.h"
void main()
{
    double oilconsumption[9]={8.5,8.8,9.2,10.1,7.8,8.6,8.7,8.7,9.5};
    double  sum_oilconsumption=0,avg_oilconsumption;
    int i=0;
    for(i=0;i<9;i++)
    {
      sum_oilconsumption+=oilconsumption[i];
    }
    avg_oilconsumption=sum_oilconsumption/9.0;
```

```
    printf("平均耗油量:%f\n",avg_oilconsumption);
}
```

典型案例 2 的运行结果如图 5-5 所示。

典型案例 3：已知某品牌 4S 店的销售员根据每年的
销售量情况分为不同的销售等级，即 A、B、C、D，要求
输出销售员的销售等级。

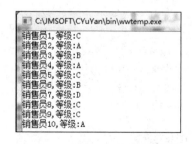

图 5-5　典型案例 2 的运行结果

算法分析如下。

（1）定义变量：销售员 i、销售等级数组 salesman[]。

（2）输出销售员的销售等级（注意数组成员类型）。

典型案例 3 的流程图如图 5-6 所示。

代码如下：

```c
#include "stdio.h"
void main()
{
    char salesman[10]={'C','A','B','A','C','B','D','C','C','A'};
    int i;
    for(i=0;i<10;i++)
    {
        printf("销售员%d,等级:%c\n",i+1,salesman[i]);
    }
}
```

典型案例 3 的运行结果如图 5-7 所示。

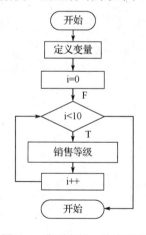

图 5-6　典型案例 3 的流程图

图 5-7　典型案例 3 的运行结果

5.1.4　任务分析与实践

算法分析如下。

（1）定义变量：销售量 i。

（2）输入客车销售量。

（3）输出客车销售量。

任务 5.1 的流程图如图 5-8 所示。

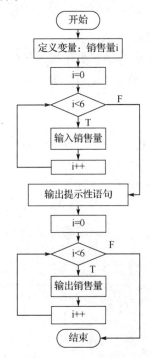

图 5-8　任务 5.1 的流程图

代码如下：

```
#include"stdio.h"
#define N 6                        //定义符号常量，表示有 6 个月
void main()
{  int V_number[N];                //定义存放销售量的数组
   int i;
   for(i=0;i<N;i++)
     scanf("%d",&V_number[i]);     //输入 6 个月的客车销售量
   printf("某市海格新能源客车月销售量明细表\n");
   printf("1 月\t2 月\t3 月\t4 月\t5 月\t6 月\n");
   for(i=0;i<N;i++)
   printf("%d\t",V_number[i]);     //输出 6 个月的客车销售量
}
```

5.1.5　巩固练习

1. 编写程序，从键盘上输入 5 个驾驶员的工资，计算其平均工资。

2. 编写程序，假设随机产生的车牌号的后 5 位都是数字，随机产生 10 个车牌号并将其存放在车牌号数组中，最后输出这 10 个车牌号。

3. 编写程序，假设随机产生的车牌号的后 5 位都是数字，随机产生 20 个车牌号并将其存放在车牌号数组中，挑选最后一位是偶数的车牌号并将其存放在另一个数组中。

任务 5.2 输出个子最矮的驾驶员的身高和对应的下标（使用一维数组求最值）

5.2.1 任务目标

从键盘上输入 8 个驾驶员的身高，输出个子最矮的驾驶员的身高和对应的下标。

5.2.2 知识储备

在实际应用中，我们会遇到需要求数据的最值、查找等特殊情况，这时该如何解决？

1. 查找

当对数组中的数据进行查找时，可通过循环逐一进行比较，其语法格式为：

```
for(i=0; i<数组长度; i++)
   if(数组名[i]==被查数据)
      break;
```

2. 统计

当对数组中的数据进行统计时，一般分为两个步骤。

第一步，对数组元素进行筛选，可以使用 if 语句，也可以使用 swtich 语句。

第二步，进行统计。

3. 求最值

当对数组中的数据求最值时，一般分为两个步骤。

第一步，定义变量且将该变量赋值为数组的第一个数据。

第二步，将数组后面的每个值与该变量逐一进行比较，查找规律。

示例 2：已知数组 s[]中存有数据：12、9、7、11、10、15、13、14、16、8。编写程序，从键盘上输入一个数据，从数组中找出该数据。

```
#include<stdio.h>
void main()
{
   int s[10]={12,9,7,11,10,15,13,14,16,8};
   int x,i;
   for(i=0; i<10; i++)
      printf("%4d",s[i]);
   printf("\n");
   printf("请输入要查找的数据: ");
   scanf("%d",&x);
   for(i=0; i<10; i++)
```

```
        if(s[i]==x)  break;
    if(i<10)
        printf("s[%d]=%d\n",i,s[i]);
    else
        printf("该数据不存在！\n");
}
```

示例 3：已知数组 s[]中的数据为 12、4、5、6、7、89，找出它们的最小值。

```
#include "stdio.h"
void main()
{
    int s[10]={12,4,5,6,7,89},i=0,min,m;
    min=s[0];
    m=0;
    for(i=0;i<6;i++)
    {if(min>s[i])
        {
            min=s[i];
            m=i+1;
        }
    }
        printf("最小值为 s[%d]=%d\n",m,min);
}
```

5.2.3 典型案例

典型案例 1：已知某品牌 4S 店 1～12 月的销售量分别为 10、12、15、14、16、8、7、14、16、17、11、12，输出 1～12 月的最高销售量（销售量单位为辆）。

1）分析过程

求最值任务的分析过程如下。

第一步 max_sales=sales[0];。

第二步 if(maxsales<sales[1]) max_sales=sales[1];。

第三步 if(maxsales<sales[2]) max_sales=sales[2];。

……

第 N 步 if(maxsales<sales[N-1]) max_sales=sales[N-1];。

根据以上分析，可以用循环完成。

初值：max_sales=sales[0]。

范围：1～12（不含）。

循环体：if(maxsales<sales[i]) max_sales=sales[i]。

2）算法分析

（1）定义销售量数组 sales[]、最高销售量 max_sales、i。

（2）计算高销售量。

典型案例 1 的流程图如图 5-9 所示。

代码如下：

```
#include "stdio.h"
void main()
{
    int sales[12]={10,12,15,14,16,8,7,14,16,17,11,12};
    int max_sales=sales[0],i;
    for (i=1;i<12;i++)
    {
     if (max_sales<sales[i])
       max_sales=sales[i];
    }
    printf("最高销售量=%d",max_sales);
}
```

典型案例 1 的运行结果如图 5-10 所示。

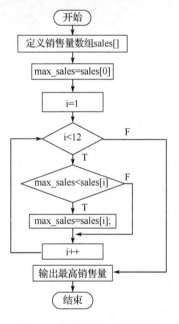

　　　　C:\JMSOFT\C

　　　　最高销售量=17

图 5-9　典型案例 1 的流程图　　　　图 5-10　典型案例 1 的运行结果

典型案例 2：表 5-3 所示为某品牌新能源小型客车在不同时段的耗油量。编写程序，计算该小型客车的最小耗油量。

表 5-3　时段和耗油量

时段	时段 1	时段 2	时段 3	时段 4	时段 5	时段 6	时段 7	时段 8	时段 9
耗油量/升	8.5	8.8	9.2	10.1	7.8	8.6	8.7	8.7	9.5

算法分析如下。

（1）定义耗油量数组 oilconsumption[]。

（2）计算最小耗油量（注意数据类型）。

典型案例 2 的流程图如图 5-11 所示。

代码如下：

```
#include "stdio.h"
void main()
{
    double oilconsumption[9]={8.5,8.8,9.2,10.1,7.8,8.6,8.7,8.7,9.5};
    double  min_oilconsumption=oilconsumption[0];
    int i;
    for(i=1;i<9;i++)
    {
    if (min_oilconsumption>oilconsumption[i])
    {
        min_oilconsumption=oilconsumption[i];
    }
    }
    printf("最小耗油量是:%.1f",min_oilconsumption);
}
```

典型案例 2 的运行结果如图 5-12 所示。

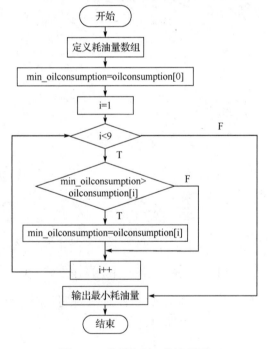

图 5-11　典型案例 2 的流程图　　　　图 5-12　典型案例 2 的运行结果

5.2.4　任务分析与实践

代码如下：

```
#include"stdio.h"
void main()
{
```

```
double driver_H[8],driverH_min;
int i;
int driverH_num;
printf("请输入 8 个驾驶员的身高");
for(i=0;i<8;i++)
{
    scanf("%lf",&driver_H[i]);
}
driverH_min=driver_H[0];
driverH_num=0;
for(i=0;i<8;i++)
{
    if(driver_H[i]<driverH_min)
    {
      driverH_min=driver_H[i];
      driverH_num=i;

    }
}
printf("最矮驾驶员的下标为%d,身高为%lf",driverH_num,driverH_min);
}
```

5.2.5　巩固练习

1．编写程序，从键盘上输入 5 个驾驶员的工资，找出工资大于平均工资的驾驶员。

2．2022 年某地区 5 月份有 10 天的最高气温依次是 30℃、31℃、30℃、32℃、32℃、33℃、33℃、32℃、31℃、32℃。编写程序，分别统计出 32℃和 33℃各占多少天。

3．编写程序，输入 10 个整数并存入一维数组中，输出值和下标都为奇数的元素个数。

任务 5.3　对某品牌新能源客车 1～6 月的销售量进行排序（使用一维数组排序）

5.3.1　任务目标

某品牌新能源客车 1～6 月的销售量为 60、54、50、70、36、51（销售量单位为辆），要求按升序排列，并输出结果。

5.3.2　知识储备

对杂乱无章的数据，有时我们需要按照一定规律进行排序。下面介绍数据排序。

1．排序

对搜索大型数据库来说，对信息进行排序的算法是至关重要的。例如，词典或电话簿，利用它们来查找信息都是相对容易和方便的，这是因为其中的信息已经按照字母表顺序排列。排序是一种有助于解决问题的方式，因此如何有效排序的问题本身就是一个重要的研究领域。排序可以有冒泡排序、选择法排序等多种方法。

2. 冒泡排序

冒泡排序可形象描述为，使较小的值像水中的气泡一样逐渐"上浮"到数组的顶部，而较大的值则逐渐"下沉"到数组的底部。这种方法需要进行多趟排序，每趟都要比较连续的数组元素对。如果某一对元素的值本身是升序排列的，就保持原样，否则交换其值。冒泡排序的基本思想是：从前向后依次比较相邻两个数的值，如果前者比后者大，则交换这两个数，否则不交换，第一次排序结束后，最大数"后沉"到最后一个。

排序过程示例（设 $n=8$）：每趟只将方括号中的数据从左向右两两比较，让较大者不断"后沉"到方括号外。

假设原始数据	[49	38	65	97	76	13	27	50]。
第一趟排序后	[38	49	65	76	13	27	50]	97。
第二趟排序后	[38	49	65	13	27	49]	76	97。
第三趟排序后	[38	49	13	27	50]	65	76	97。
第四趟排序后	[38	13	27	49]	50	65	76	97。
第五趟排序后	[13	27	38]	49	50	65	76	97。
第六趟排序后	[13	27]	38	49	50	65	76	97。
第七趟排序后	[13]	27	38	49	50	65	76	97。
最后排序结果	13	27	38	49	50	65	76	97。

可以看到第五趟排序结束后，其实已经得到最终结果了，如果不对程序进行优化，计算机一定会进行 7 趟排序。那么应该如何处理呢？请读者自行思考。

3. 选择法排序

选择法排序的基本思想是：用变量 p 来存放最大数所在的位置，如果数组中有 n 个数，则首先在 p 中存放 0，认为 a[0]中数最大。然后把 a[p]与后面的 a[1]比较，如果 a[1]比 a[p]大，则 p=1；否则 p 不变。接着 a[p]与后面的 a[2]比较，如果 a[2]比 a[p]大，则 p=2，否则 p 不变。接着 a[p]与后面的 a[3]比较，与 a[4]比较，……，与最后一个元素比较。这时 p 中存放的是所有元素中最大元素所在的位置。把 a[0]中的数与 a[p]中的数交换，使 a[0]中存放最大元素。再从余下的 $n-1$ 个数中查找最大数与 a[1]交换，重复直到排序结束。

假设原始数据	[49	38	65	97	76	13	27	50]。
第一趟排序后	13	[38	65	97	76	49	27	50]。
第二趟排序后	13	27	[65	97	76	49	38	50]。
第三趟排序后	13	27	38	[97	76	49	65	50]。
第四趟排序后	13	27	38	49	[76	97	65	50]。
第五趟排序后	13	27	38	49	50	[97	65	76]。
第六趟排序后	13	27	38	49	50	65	[97	76]。
第七趟排序后	13	27	38	49	50	65	76	[97]。
最后排序结果	13	27	38	49	50	65	76	97。

示例 4：从键盘上输入 10 个学生的 C 语言成绩，按从高到低的顺序输出每个学生的 C 语言成绩。

```
#include"stdio.h"
#define N 10
void main()
{ int grade[N];
  int i,j,temp;
  for(i=0;i<N;i++)
    scanf("%d",&grade[i]);
  printf("排序前 10 个学生的 C 语言成绩：\n");
  for(i=0;i<N;i++)
   printf("%d ",grade[i]);
  printf("\n 从高到低排序后 10 个学生的 C 语言成绩：\n");
  for(i=0;i<=N-2;i++)                 //冒泡排序
   {
    for (j=0;j<=N-i-2;j++)
      if(grade[j]<grade[j+1])          //如果条件成立，则相邻两个值进行交换
        {
          temp=grade[j];
          grade[j]=grade[j+1];
          grade[j+1]=temp;
         }
   }
  for(i=0;i<N;i++)
   printf("%d ",grade[i]);
}
```

5.3.3　典型案例

典型案例 1：表 5-4 所示为某品牌新能源小型客车在不同时段的耗油量。编写程序，将该小型客车的不同时段的耗油量从高到低进行排序。

表 5-4　时段和耗油量

时段	时段 1	时段 2	时段 3	时段 4	时段 5	时段 6	时段 7	时段 8	时段 9
耗油量/升	8.5	8.8	9.2	10.1	7.8	8.6	8.7	8.7	9.5

典型案例 1 的冒泡排序流程图如图 5-13 所示。
代码如下：

```
#include "stdio.h"
void main()
{
    double oilconsumption[9]={8.5,8.8,9.2,10.1,7.8,8.6,8.7,8.7,9.5};
    int i,j;
    double temp;
    for(i=0;i<7;i++)
```

```
    {
        for(j=0;j<7-i;j++)
        {
            if (oilconsumption[j]<oilconsumption[j+1])
            {
                temp=oilconsumption[j];
                oilconsumption[j]=oilconsumption[j+1];
                oilconsumption[j+1]=temp;
            }
        }
    }
    printf("耗油量从高到低依次是：");
    for(i=0;i<9;i++)
     printf("%.1f  ",oilconsumption[i]);
}
```

典型案例 1 的运行结果如图 5-14 所示。

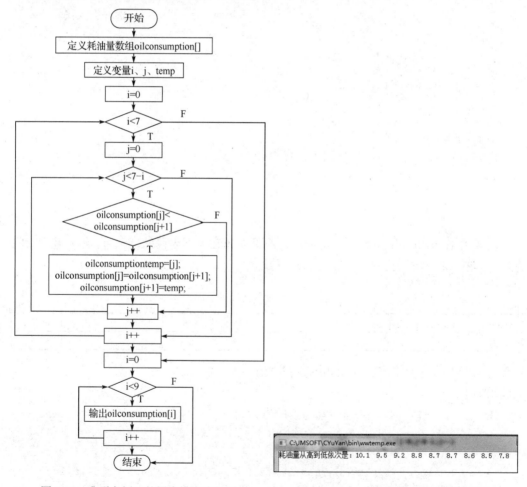

图 5-13　典型案例 1 的冒泡排序流程图　　　　　图 5-14　典型案例 1 的运行结果

典型案例 2：已知某品牌 4S 店 1～12 月的销售量分别为 10、12、15、14、16、8、7、

14、16、17、11、12（销售量单位为辆），将销售量从低到高排序。

典型案例 2 的流程图如图 5-15 所示。

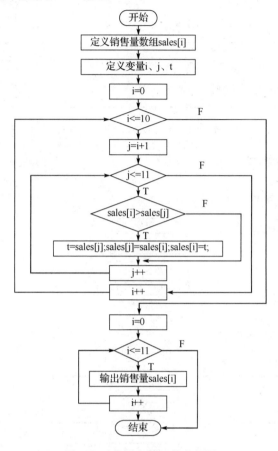

图 5-15 典型案例 2 的流程图

代码如下：

```
#include "stdio.h"
void main()
{
    int sales[12]={10,12,15,14,16,8,7,14,16,17,11,12};
    int i,j,t;
    for (i=0;i<=10;i++)
    {
        for (j=i+1;j<=11;j++)
        {
            if (sales[i]>sales[j])
            {
                t=sales[j];
                sales[j]=sales[i];
                sales[i]=t;
            }
        }
    }
    printf("销售量从低到高排序:");
```

```
    for(i=0;i<11;i++)
     printf("%d  ",sales[i]);
}
```

典型案例 2 的运行结果如图 5-16 所示。

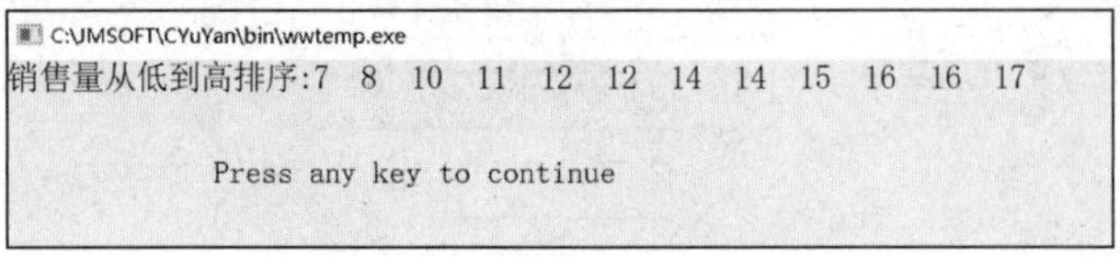

```
▦ C:\JMSOFT\CYuYan\bin\wwtemp.exe
销售量从低到高排序:7  8  10  11  12  12  14  14  15  16  16  17


      Press any key to continue
```

图 5-16　典型案例 2 的运行结果

5.3.4　任务分析与实践

任务 5.3 的流程图如图 5-17 所示。

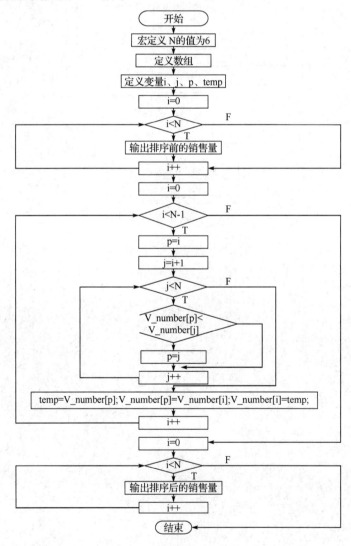

图 5-17　任务 5.3 的流程图

代码如下：

```
#include"stdio.h"
#define N 6
void main()
{
    int V_number[N]={60,54,50,70,36,51};
    int i,j,p;
    int temp;
    printf("排序前的销售量：");
    for (i=0;i<N;i++)
      printf("%d   ",V_number[i]);
    printf("\n");
    printf("排序后的销售量：        ");
    for (i=0;i<N-1;i++)
      {
        p=i;
          for (j=i+1;j<N;j++)
            if (V_number[p]<V_number[j])
              {
               p=j;
              }
          temp=V_number[p];
          V_number[p]=V_number[i];
          V_number[i]=temp;
      }
    for (i=0;i<N;i++)
      printf("%d   ",V_number[i]);
    printf("\n");
}
```

5.3.5　巩固练习

1．编写程序，从键盘上输入 20 个驾驶员的工资，使用冒泡排序，按从低到高排序并输出结果。

2．编写程序，从键盘上输入 14 辆汽车的载重量，使用选择法排序，按从高到低排序并输出结果。

任务 5.4　输出地级市对应的车牌号字符（字符数组）

5.4.1　任务目标

从键盘上输入江苏省的地级市，输出地级市对应的车牌号字符（A 代表南京市、B 代表无锡市、C 代表徐州市、D 代表常州市、E 代表苏州市、F 代表南通市）。程序运行结果如图 5-18 所示。

5.4.2　知识储备

在实际应用中，我们会遇到使用汉字或多个字符的情况，这时就需要引入字符数组。

图 5-18　程序运行结果

1. 一维字符数组与字符串

（1）一维字符数组。

数组元素的类型是字符类型的一维数组称为"一维字符数组"。当定义一个一维数组时，如果数据类型为 char，这就是一个一维字符数组。

例如：

```
char ch[10];
```

上述定义了一个名为 ch 的一维字符数组，长度为 10，系统为该数组开辟了 10 个连续的存储单元。在这里，一个元素的存储空间正好为 1 字节，所以系统开辟了 10 个连续的字节单元，ch 为该连续存储单元的首地址。可以引用数组的元素，如 ch[0]='a'、ch[9]= '\n'等。

（2）字符串。

字符串就是一串字符的组合，但它的最后一个字符必定是'\0'。'\0'是一个转义字符，它是字符型的"空值"，其 ASCII 码值为 0。'\0'是字符串的结束标志。

在 C 语言中，字符串借助一维字符数组来存放。在存储时，结束标志'\0'占用存储空间，但不计入字符串的实际长度。字符串是用双引号" "作为定界符的。在表示字符串时，不需要人为在其末尾添加'\0'。例如，字符串"COMPUTER"不必写成"COMPUTER\0"。C 语言的编译系统在处理时会自动在其末尾添加'\0'。

一个字符串在存储时会占用内存中一串连续的存储空间，它有一个起始地址。这段连续的存储空间实际上就是一个一维字符数组，只是这个数组没有名字。所以，在 C 语言中，字符串被隐含处理成一个以'\0'结尾的无名的一维字符数组，该字符串就表示内存中一串连续存储空间的首地址。

（3）一维字符数组与字符串的区别。

一个一维字符数组中的每一个元素都可以存放一个字符，并且它不限定最后一个字符应该是什么。在 C 语言中，有关字符串的大量操作都与串结束标志'\0'有关。因此，字符串是最后一个字符必有'\0'的一维字符数组。

当一个一维字符数组的长度大于一个字符串的有效长度再加 1 时，该一维字符数组可以用于存放该字符串。此时，一维字符数组可以被看作字符串变量。但它又不同于一般的变量，不能把一个字符串整体赋给一个数组。

2. 将一个字符串赋给一个一维字符数组

（1）通过初始化实现。

逐一对元素进行赋初值，这种方法与给一般数组赋初值的方法相同。

例如：

```
char str[10]={'s','t','u','d','e','n','t','\0'};
```

（2）在赋初值时，直接赋值为字符串常量。

例如：

```
char ch[8]={"student"};
```

或者省略花括号：

```
char ch[8]= "student";
```

（3）在执行过程中给一维字符数组赋值为字符串。

前文已经讲过，不能给一个数组整体赋值，对一维字符数组同样如此。只能给数组元素逐个赋字符值，最后人为加入结束标志'\0'。

例如：

```
char str[8];
str[0]='s'; str[1]='t'; str[2]='u'; str[3]='d';
str[4]='e'; str[5]='n'; str[6]='7'; str[7]='\0';
```

3. 字符串的输入和输出

（1）使用"%c"格式逐个输入和输出字符。

示例 5：从键盘上输入一字符串（以换行符结束，假设字符串长度不超过 50），存放于数组 ch[]中。

```
#include"stdio.h"
#define LEN 51
void main()
{
    char ch[LEN];
    int i=0;
    scanf("%c",&ch[i]);
    while ((ch[i]!='\n'))
    {
        i++;
        scanf("%c",&ch[i]);
    }
    ch[i]='\0';
    i=0;
    while(ch[i]!='\0')
    {
        printf("%c",ch[i]);
        i++;
    }
}
```

（2）使用"%s"格式整体输入和输出字符。

例如：

```
char ch[20];
scanf("%s",ch);
```

说明：输入项是一维数组的数组名，也就是数组的首地址。

功能：从键盘上输入一个字符串，存放到以 ch 开始的存储单元中，以空格或换行符结束存放。

```
printf("%s",ch);
```

说明：输出项是一维数组的数组名，也就是数组的首地址。

功能：将以 ch 为起始地址的存储单元的内容输出到终端，遇到'\0'时结束输出。

（3）使用字符串输入函数 gets()与字符串输出函数 puts()实现字符串的输入和输出。

字符串输入函数 gets()与字符串输出函数 puts()的定义说明在头文件 stdio.h 中，如果在程序中调用这两个函数，则必须在程序的开头加入文件包含命令#include"stdio.h"。

gets()函数的语法格式为：

```
gets(str)
```

说明：str 为一个确定的地址值，它可以是一个字符数组的数组名，也可以是已赋值的指针型变量。

功能：当调用该函数时，先从键盘上输入一个字符串，以换行符（按 Enter 键）作为输入结束标志；再将接收到的字符（包括换行符）依次赋给以 str 为起始地址的存储单元中，系统自动用'\0'来代替最后的换行符。

注意：在调用 gets()函数时，空格不作为分隔符，它可以出现在字符串中，这是 gets()函数与 scanf()函数的主要区别。

例如：

```
char ch[20];
gets(ch);
```

如果输入：I AM（按 Enter 键），则在数组 ch[]中将存入字符串"I AM"，而不是字符串"I"。

puts()函数的语法格式为：

```
puts(str)
```

说明：同 gets(str)一样，str 为一个确定的地址值。

功能：当调用该函数时，系统从 str 这个地址开始，依次输出存储单元的内容，直到遇到第一个'\0'，系统自动将'\0'转换成一个换行符输出，并结束输出。

注意：puts()函数输出结束后换行，而 printf()函数输出结束后并不会自动换行。

4. 常用字符串和字符函数

C 语言中有关字符的函数分为字符串函数和字符函数两类，分别包含在头文件 string.h 与 ctype.h 中。常用的字符串函数如表 5-5 所示，常用的字符函数如表 5-6 所示。

表 5-5　常用的字符串函数

函数名称	功能	返回值
gets(str)	输入一个字符串并赋给字符数组 str	str

函数名称	功能	返回值
puts(str)	将字符数组 str 中的内容输出到显示器上	str
strlen(str)	计算字符串的长度	整数
strcat(str1,str2)	连接字符串，将字符串 2 连接在字符串 1 的后面	str1
strncat(str1,str2,n)	连接字符串，将字符串 2 前 n 个字符连在字符串 1 的后面	str1
strcpy(str1,str2)	复制字符串，将字符串 2 复制给字符串 1	str1
strncpy(str1,str2,n)	复制字符串，仅将字符串 2 前 n 个字符复制给字符串 1	str1
strcmp(str1,str2)	比较字符串 2、字符串 1 的大小	整数
strncmp(str1,str2,n)	仅比较字符串 2、字符串 1 前 n 个字符的大小	整数
strset(str,ch)	用 ch 置换 str 字符串各字符	str
strnset(str,ch,n)	用 ch 置换 str 字符串前 n 个字符	str
strlwr(str)	将字符串中的大写字母变为小写字母	str
strupr(str)	将字符串中的小写字母变为大写字母	str
memset(str,ch,n)	将 str 字符串前 n 个字符置换成 ch	str
strrev(str)	将 str 字符串中的字符颠倒顺序	str
strchr(str,ch)	返回 ch 在 str 字符串中首次出现的位置	地址，无返回空指针
strstr(str1,str2)	返回 str2 子串在 str1 字符串中首次出现的位置	地址，无返回空指针

表 5-6 常用的字符函数

函数名称	功能	返回值
isalnum(ch)	判断 ch 是否是字母或数字	
isalpha(ch)	判断 ch 是否是字母	
isdigit(ch)	判断 ch 是否是数字	
islower(ch)	判断 ch 是否是小写字母	"是"返回值为 1，"否"返回值为 0
isupper(ch)	判断 ch 是否是大写字母	
isspace(ch)	判断 ch 是否是空格	
isprintf(ch)	判断 ch 是否是可打印字符	
ispunct(ch)	判断 ch 是否是标点或空格	
tolower(ch)	将字母 ch 转换为小写字母	相应小写字母
toupper(ch)	将字母 ch 转换为大写字母	相应大写字母

5.4.3 典型案例

典型案例 1：从键盘上输入某辆车的车架号，并输出车架号。

代码如下：

```c
#include "stdio.h"
void main()
{
    char vin[18];
    printf("请输入车架号:");
    gets(vin);
    printf("车架号为");
    puts(vin);
}
```

典型案例 1 的运行结果如图 5-19 所示。

典型案例 2：从键盘上输入某辆车的车架号，并求长度，判断是否满足车架号的长度。

典型案例 2 方法一流程图如图 5-20 所示。

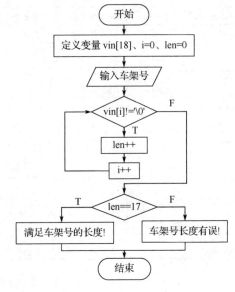

C:\JMSOFT\CYuYan\bin\wwtemp.exe
请输入车架号:1Y1SK5131JZ086901
车架号为:1Y1SK5131JZ086901

图 5-19　典型案例 1 的运行结果　　　　图 5-20　典型案例 2 方法一流程图

方法一代码如下：

```c
#include "stdio.h"
void main()
{
    char vin[18],i=0,len=0;
    printf("请输入车架号:");
    scanf("%s",vin);
    while(vin[i]!='\0')
      {
        len++;
        i++;
        }
    if (len==17)
      printf("满足车架号的长度!");
    else
      printf("车架号长度有误!");
}
```

方法二代码如下：

```c
#include "stdio.h"
#include"string.h"
void main()
{
    char vin[18],i=0,len;
    printf("请输入车架号:");
```

```
gets(vin);
len=strlen(vin);
 if (len==17)
   printf("满足车架号的长度!");
 else
   printf("车架号长度有误!");
}
```

典型案例 2 的运行结果如图 5-21 所示。

典型案例 3：从键盘上输入某辆车的车架号，再次输入车架号，判断第二次和第一次输入的车架号是否相等。如果相等，则输出"两次输入车架号一致!"；如果不相等，则输出"两次输入车架号不一致!"。

代码如下：

```
#include "stdio.h"
#include"string.h"
void main()
{
    char vin[20],vin2[20];
    int i=0,flag=0;
    printf("请输入车架号:");
    gets(vin);
    printf("请再次输入车架号:");
    gets(vin2);
    if (strcmp(vin,vin2)==0)
      printf("两次输入车架号一致! ");
    else
      printf("两次输入车架号不一致! ");
}
```

典型案例 3 的运行结果如图 5-22 所示。

图 5-21　典型案例 2 的运行结果 　　　　图 5-22　典型案例 3 的运行结果

5.4.4　任务分析与实践

任务 5.4 的流程图如图 5-23 所示。

代码如下：

```
#include "stdio.h"
#include"string.h"
void main()
{ char license_plate[8];
    printf("输入地级市:");
    gets(license_plate);
    if(strcmp(license_plate,"南京市")==0)printf("A 南京市 ");
```

```
        else if(strcmp(license_plate,"无锡市")==0)printf("B 无锡市 ");
          else if(strcmp(license_plate,"苏州市")==0)printf("E 苏州市 ");
            else if(strcmp(license_plate,"南通市")==0)printf("F 南通市 ");
              else printf("输入有误或无记录");
}
```

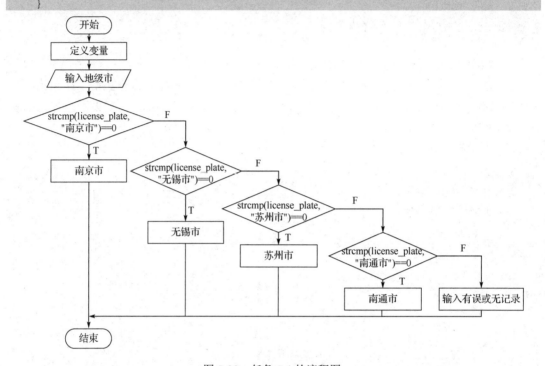

图 5-23   任务 5.4 的流程图

5.4.5   巩固练习

1. 编写程序，从键盘上输入"我爱你中国"，并将其输出。

2. 编写程序，从键盘上输入一个驾驶员的工号，已知工号长度为 11 位，第一位为 2，判断工号是否正确。

3. 编写程序，输入 10 个驾驶员的姓名，按照姓名从高到低进行排序并输出姓名。

4. 编写程序，将一句英文存放在一个字符数组中，统计该字符数组中的单词个数（单词之间用空格分隔）。

5. 用户要求车牌号是 6 位字符，并且满足回文。编写程序，从键盘上输入车牌号，判断是否满足条件。

任务 5.5   输出新能源大型客车 1~6 月的销售明细表（二维数组）

5.5.1   任务目标

新能源大型客车在江苏省不同城市 1~6 月的销售情况如表 5-7 所示。编写程序，输出该明细表（销售量单位为辆）。

表 5-7　新能源大型客车 1～6 月销售情况表

	苏州市	无锡市	常州市	南京市
1 月	24	14	13	16
2 月	20	16	16	25
3 月	18	30	20	43
4 月	24	10	8	12
5 月	10	5	6	8
6 月	8	5	5	7

5.5.2　知识储备

一维数组只能处理一种批量数据，如果有同种数据类型、更多种情况，就需要引入多维数组。

1. 二维数组的概念

C 语言允许定义任何类型的数组。使用两对方括号就能定义二维数组。如果想要定义多维数组，则只要简单地继续增加方括号即可。每使用一对方括号，我们就对数组增加了一维。数组的声明格式如表 5-8 所示。

表 5-8　数组的声明格式

数组的声明	注释
int a[100];	一维数组
char b[20][30];	二维数组
float c[2][3][4];	三维数组

一个 k 维数组的尺寸与各个维的尺寸有关。如果用 S_i 代表数组的第 i 维尺寸，则数组声明为 $S_1*S_2*\cdots*S_k$ 个元素分配的空间。在表 5-8 中，数组 b 有 20×30=600 个元素，数组 c 有 2×3×4=24 个元素。从数组的基地址开始，所有的数组元素都存储在连续的内存中。

即使数组元素是一个接一个地连续存储，我们也经常把二维数组看作由行和列组成的矩阵。例如，如果声明 int a[2][5]，则数组元素的排列如表 5-9 所示。

表 5-9　数组元素的排列

	第 1 列	第 2 列	第 3 列	第 4 列	第 5 列
第 1 行	a[0][0]	a[0][1]	a[0][2]	a[0][3]	a[0][4]
第 2 行	a[1][0]	a[1][1]	a[1][2]	a[1][3]	a[1][4]

2. 二维数组的定义、引用和声明

（1）二维数组的定义。

定义二维数组的语法格式为：

```
类型 数组名[行常量表达式] [列常量表达式];
```

可以将二维数组看作元素是一维数组的一维数组。

例如：

```
int a[3][4];   // 3行4列
```

（2）二维数组元素的引用。

二维数组元素的表示形式为：

```
数组名[下标][下标]
```

例如：

```
a[2][3];b[1][2]=a[2][3]/2;a[2][3]=3;
```

注意：

- 下标可以是整型表达式。
- 不要写成 a[2，3]等形式。
- 下标值应该在已定义的数组大小范围内。
- 注意定义数组时的 a[3][4]与引用数组元素时的 a[3][4]的区别。

（3）二维数组的初始化。

分行给二维数组赋初值。

例如：

```
int a[3][4]={{1,2,3,4},{5,6,7,8},{9,10,11,12}};
```

可以将所有数据写在一个花括号内，按数组排列的顺序对元素赋初值。

例如：

```
int a[3][4]={1,2,3,4,5,6,7,8,9,10,11,12};
int a[3][4]={{1},{5},{9}};
```

等价于

```
int a[3][4]={{1,0,0,0},{5,0,0,0},{9,0,0,0}};
int a[4][3]={{1,2},{4,5}};
```

等价于

```
int a[4][3]={{1,2,0},{4,5,0},{0,0,0},{0,0,0}};
```

示例 6：输入 5 个学生 2 门课程的成绩，输出每个学生的学号及成绩明细。

```
#include"stdio.h"
  void main()
 {
   float score[5][2];
   int i,j;
   for(i=0;i<5;i++)                    //外循环次数由人数确定
     for(j=0;j<2;j++)                  //内循环次数由课程数确定
      {
          printf("输入第%d个学生第%d门成绩",i+1,j+1);
          scanf("%f",&score[i][j]);
       }
```

```
    printf("学号 课程 1 课程 2\n");              //输出表头
    for(i=0;i<5;i++)
    {
      printf("  %d  ",i+1);                     //输出学号
      for(j=0;j<2;j++)
      {
          printf("%-4.1f ",score[i][j]);     //输出每门课程的成绩
      }
      printf("\n");
    }
  }
```

解析：

给二维数组赋值，一般通过两重循环来实现，外循环确定行数，内循环确定列数。由于每个学生的两门成绩显示在一行，因此人数确定外循环次数，课程数确定内循环次数。第 11 行用于输出表头的语句必须在整个循环体的最外面，因此语句只需要执行一次。第 14 行用于输出学号的语句应放在内循环的外面，保证在循环输出各门课程成绩时，只输出一次学号。请注意第 19 行语句，这是一条换行语句，一定不能放在内循环里面，否则就不会产生二维表格的输出形式。如果放在内循环里面，那么结果会是什么，请读者自行思考。

5.5.3 典型案例

典型案例 1：已知某品牌 4S 店两个销售员 1～12 月的汽车销售量如表 5-10 所示，输出这两个销售员 1～12 月的汽车销售数据（销售量单位为辆）。

表 5-10 汽车销售量数据表

	1月	2月	3月	4月	5月	6月	7月	8月	9月	10月	11月	12月
销售员 1	3	1	2	4	2	4	2	2	3	0	1	3
销售员 2	2	4	4	3	3	2	1	4	3	3	2	2

典型案例 1 的流程图如图 5-24 所示。

代码如下：

```
#include"stdio.h"
void main()
{
    int sales[2][12]={{3,1,2,4,2,4,2,2,3,0,1,3},{2,4,4,3,3,2,1,4,3,3,2,2}};
    int i,j;
    for(i=1;i<=12;i++)
    {
        printf("%d 月\t",i);
    }
    printf("\n");
    for(i=0;i<2;i++)
    {
        for(j=0;j<12;j++)
        printf("%d\t",sales[i][j]);
```

```
        printf("\n");
    }
}
```

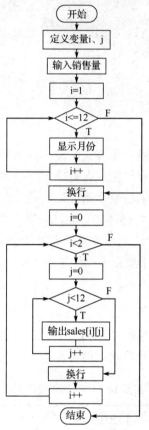

图 5-24　典型案例 1 的流程图

典型案例 1 的运行结果如图 5-25 所示。

C:\JMSOFT\CYuYan\bin\wwtemp.exe											
1月	2月	3月	4月	5月	6月	7月	8月	9月	10月	11月	12月
3	2	2	4	2	4	2	2	3	0	1	3
2	4	4	3	3	2	1	4	3	3	2	2

图 5-25　典型案例 1 的运行结果

典型案例 2：从键盘上输入某品牌新能源客车 3 个驾驶员 1～6 月的工资，并输出。

典型案例 2 的流程图由定义驾驶员的工资、输入驾驶员的工资、输出驾驶员的工资 3 部分构成，整体思路流程图如图 5-26 所示，输入驾驶员的流程图如图 5-27 所示，输出驾驶员的工资流程图如图 5-28 所示。

代码如下：

```
#include"stdio.h"
void main()
{
    float salary[3][6];
    int i,j;
```

```
for(i=0;i<3;i++)
{    printf("驾驶员%d 六个月的工资:",i+1);
    for(j=0;j<6;j++)
      {
          scanf("%f",&salary[i][j]);
      }
}
printf("驾驶员 6 个月的工资明细表\n");
for(i=0;i<3;i++)
{
    printf("驾驶员%-4d",i+1);
    for(j=0;j<6;j++)
        printf("%d 月        ",j+1);        //输出 7 个空格
    printf("\n");
    printf("            ");                  //输出 10 个空格
    for(j=0;j<6;j++)
        printf("%-10.2f",salary[i][j]);
    printf("\n");
}
}
```

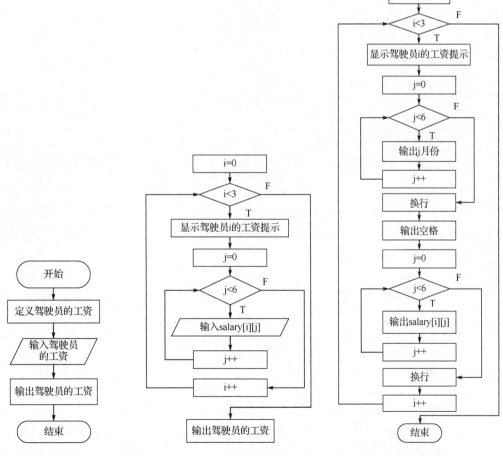

图 5-26　典型案例 2 的整体思路　　图 5-27　典型案例 2 的输入　　图 5-28　典型案例 2 的输出
　　　　流程图　　　　　　　　　　驾驶员的工资流程图　　　　　驾驶员的工资流程图

典型案例 2 的运行结果如图 5-29 所示。

```
C:\Program Files (x86)\Dev-Cpp\ConsolePauser.exe
驾驶员1六个月工资:6789.3 5555.8 7890.3 8765.4 5678.1 6666.8
驾驶员2六个月工资:8900.6 9923.5 6789.9 8889.5 9992.5 8764.9
驾驶员3六个月工资:7895.7 7845.3 9876.4 8876.5 8890.6 7765.6
驾驶员6个月的工资明细表
驾驶员1    1月       2月       3月       4月       5月       6月
          6789.30   5555.80   7890.30   8765.40   5678.10   6666.80
驾驶员2    1月       2月       3月       4月       5月       6月
          8900.60   9923.50   6789.90   8889.50   9992.50   8764.90
驾驶员3    1月       2月       3月       4月       5月       6月
          7895.70   7845.30   9876.40   8876.50   8890.60   7765.60
```

图 5-29   典型案例 2 的运行结果

典型案例 3：从键盘上输入某品牌新能源客车 3 个驾驶员 6 个月的工资，分别计算这 3 个驾驶员的平均工资。

典型案例 3 的整体思路流程图如图 5-30 所示，驾驶员工资求和流程图如图 5-31 所示，计算驾驶员月平均工资流程图如图 5-32 所示。

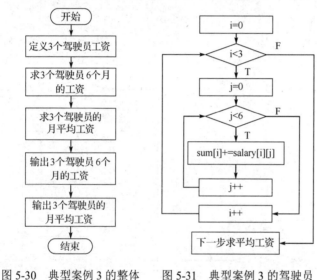
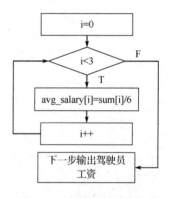

图 5-30   典型案例 3 的整体
思路流程图

图 5-31   典型案例 3 的驾驶员
工资求和流程图

图 5-32   典型案例 3 的计算
平均工资流程图驾驶员

代码如下：

```c
#include"stdio.h"
void main()
{
    float   salary[3][6]={{4500,4007.5,5000,6000,6500,7000},{5500,5007.5,
5500,5400,4500,6000},{4800,5107.5,5200,4800,5500,5000}};
    float avg_salary[3],sum[3]={0};
    int i,j;
    for (i=0;i<3;i++)
    {
        for(j=0;j<6;j++)
            sum[i]+=salary[i][j];
    }
    for (i=0;i<3;i++)
```

```
    {
        avg_salary[i]=sum[i]/6;
    }
    printf("3 个驾驶员 6 个月的工资表：\n");
    for(i=0;i<3;i++)
      {
            for (j=0;j<6;j++)
                printf("%10.2f",salary[i][j]);
            printf("\n");
      }
    printf("每个驾驶员的月平均工资：\n");
    for (i=0;i<3;i++)
      printf("%10.3f",avg_salary[i]);
}
```

典型案例 3 的运行结果如图 5-33 所示。

典型案例 4：从键盘上输入某品牌新能源客车 5 个驾驶员的姓名并输出。

代码如下：

```
#include "stdio.h"
void main()
{
    char driver[5][20];
    int i;
    printf("请输入 5 个驾驶员的姓名:");
    for (i=0;i<5;i++){
        gets(driver[i]);
    }
    printf("5 个驾驶员的姓名分别为:");
    for (i=0;i<5;i++)
      printf("%s  ",driver[i]);
}
```

典型案例 4 的运行结果如图 5-34 所示。

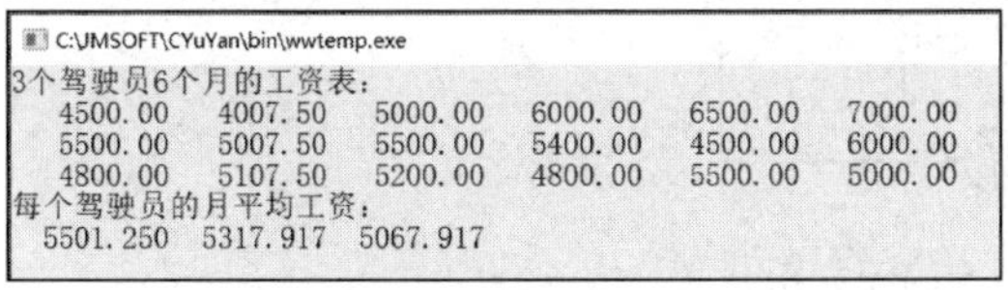

图 5-33　典型案例 3 的运行结果 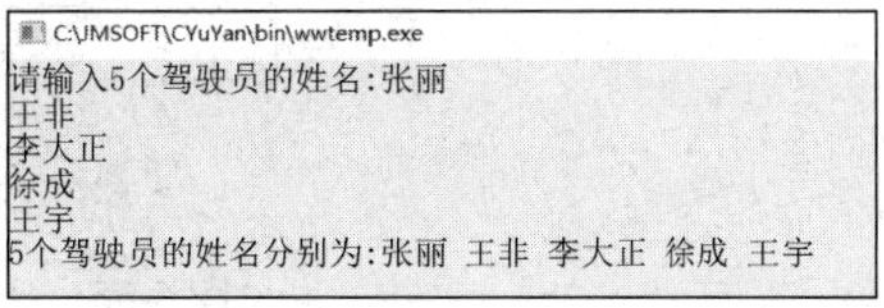　　　　　图 5-34　典型案例 4 的运行结果

5.5.4　任务分析与实践

任务 5.5 的流程图如图 5-35 所示。

代码如下：

```
#include"stdio.h"
void main()
```

```
{
    int V_number[6][4]={{24,14,13,16},{20,16,16,25},      //给二维数组赋初值
{18,30,20,43},{24,10,8,12},{10,5,6,8},{8,5,5,7}};
    int i,j;
    printf("        苏州市   无锡市 常州市   南京市\n");
    for(i=0;i<6;i++)
    {
      printf("%d 月",i+1);
      for(j=0;j<4;j++)
       {
           printf("%6d",V_number[i][j]);
       }
      printf("\n");
    }
}
```

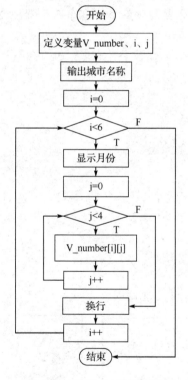

图 5-35 任务 5.5 的流程图

5.5.5 巩固练习

1．编写程序，已知有两个矩阵 A[2][3]、B[3][2]，计算 $A×B$ 的乘积 C，其中 $C_{ij}=A_{i0}×B_{0j}+A_{i1}×B_{1j}+A_{i2}×B_{2j}$。

2．编写程序，从键盘上输入一个 3 行 4 列的数组，求最大值和其下标。

同步训练

一、选择题

1. 下面关于一维整型数组的定义正确的是（   ）。

    A．int a(10);   B．int n=10,a[n]; C．int n;a[n];   D．#define N 10   int a[N];

2. 已知 int a[10]，对 a 数组元素的引用正确的是（   ）。

    A．a[10]   B．a[3.5]   C．a(5)   D．a[0]

3. 下面关于二维数组的定义正确的是（   ）。

    A．int a[ ] [ ]={1,2,3,4,5,6};   B．int a[2] [ ]={1,2,3,4,5,6};

    C．int a[ ] [3]={1,2,3,4,5,6};   D．int a[2,3]={1,2,3,4,5,6};

4. 已知 int a[3][4]，对数组元素的引用正确的是（   ）。

    A．a[2][4]   B．a[1,3]   C．a[2][0]   D．a(2)(1)

5. 已知 char x[]="hello", y[]={'h','e','a','b','e'}，关于两个数组长度的正确描述是（   ）。

    A．相同   B．x 大于 y   C．x 小于 y   D．以上答案都不对

6. 下面不能对二维数组 a 进行正确初始化的语句是（   ）。

    A．int a[2][3]={0};   B．int a[ ][3]={{1,2},{0}};

    C．int a[2][3]={{1,2},{3,4},{5,6}}; D．int a[ ][3]={1,2,3,4,5,6};

7. 下面给字符数组 str 定义和赋值正确的是（   ）。

    A．char str[10];   B．char str[ ]={"China!"};

        tr={"China!"};

    C．char str[10];   D．char str[10]={"abcdefghijkl"};

        strcpy(str,"abcdefghijkl");

8. 下面程序的输出结果是（   ）。

```c
#include <stdio.h>
#include <string.h>
void main( )
{
    char p1[ ]="abcd",p2[ ]="efgh",str[50]="ABCDEFG";
    strcat(str,p1);strcat(str,p2);
    printf("%s\n",str);
}
```

    A．ABCDEFGefghabcd   B．ABCDEFGefgh

    C．abcdefgh   D．ABCDEFGabcdefgh

9. 判断两个字符串 S1 和 S2 相等的正确语句是（   ）。

    A．if(S1=S2)   B．if(S1==S2)

    C．if(strcpy(S1,S2))   D．if(strcmp(S1,S2)==0)

10. 下面程序的输出结果是（　　）。

```
char a[7]="abcdef",b[4]= "ABC";
strcpy(a,b)
   printf("%c",a[4]);
```

　　A. F
　　B. \0
　　C. e
　　D. ef

11. 下面程序的输出结果是（　　）。

```
char c[5]={'a', 'b' '\0' 'c' '\0'};
printf("%s",c);
```

　　A. 'a"b'
　　B. ab
　　C. abc
　　D. ab (表示空格)

12. 对两个数组 a 和 b 进行如下初始化：

```
char a[]="ABCDEF";
char b[]={'A', 'B' 'C' 'D' 'E' 'F'};
```

以下叙述正确的是（　　）。

　　A. 数组 a 与数组 b 完全相同
　　B. 数组 a 的长度与数组 b 的长度相同
　　C. 数组 a 和数组 b 中都存放字符串
　　D. 数组 a 的长度比数组 b 的长度长

13. 有两个字符数组 a、b，以下正确的输入语句是（　　）。

　　A. gets(a,b);
　　B. scanf("%s%s",a,b);
　　C. scanf("%s%D",&a,&b);
　　D. gets("a");gets("b");

14. 以下能对二维数组 a 进行正确初始化的语句是（　　）。

　　A. int a[2][]={{1,0,1},{5,2,3}};
　　B. int a[][3]={{1,2,3},{4,5,6}};
　　C. int a[2][4] ={{1,2,3},{4,5},{6}};
　　D. int a[][3] ={{1,0,1},{ },{1,1}}

15. 下面关于二维数组 a 的声明正确的是（　　）。

　　A. int a[3][];
　　B. float a(3、4);
　　C. double a[1][4];
　　D. float a(3)(4);

16. 下面各组选项中均能正确定义二维实型数组 a 的是（　　）。

　　A. float a[3、4];
　　　　float a[][4];
　　　　float a[3][]={{1},{0}};
　　B. float a(3、4);
　　　　float a[3][4];
　　　　float a[][]={{0},{0}};
　　C. float a[3][4];
　　　　static float b[][4]= {{0},{0}};
　　　　static float c[][]={{0},{0},{0}};
　　D. float a(3、4);
　　　　float a[3][];
　　　　float a[][4];

17. 如果二维数组 a 有 m 列，则计算任意元素 a[i][j] 在数组中位置的公式为（假设 a[0][0] 位于数组的第一个位置上）（　　）。

　　A. i*m+j
　　B. j*m+i
　　C. i*m+j-1
　　D. i*m+j+1

二、填空题

1. 下面程序的运行结果是_____。

```c
#include <stdio.h>
void main()
{   int   i, a[10];
    for(i=9;i>=0;i--)
        a[i]=10-i;
    printf("%d%d%d",a[2],a[5],a[8]);
}
```

2. 下面程序的运行结果是_____。

```c
#include <stdio.h>
void main()
{   int i,a[6];
    for (i=0; i<6; i++)
        a[i]=i;
    for (i=5; i>=0 ; i--)
        printf("=",a[i]);
}
```

3. 下面程序的运行结果是_____。

```c
#include <stdio.h>
#include <string.h>
void main( )
{    char p1[ ]="abcd",p2[ ]="efgh",str[50]="ABCDEFG";
    strcat(str,p1);
    strcat(str,p2);
    printf("%s\n",str);
}
```

4. 如果输入一个字符串"AD C"，则下面程序的运行结果是_____。

```c
#include <stdio.h>
#define N 10
void main( )
{
    char c[N];
    scanf("%s",c);
    printf("%s\n",c);
}
```

三、编程题

1. 编写程序，从键盘上输入 20 个学生的成绩，输出大于平均分的学生人数。

2. 有 5 个学生，学习 4 门课程，已知所有学生的各科成绩。编写程序，分别计算每个学生的平均分和每门课程的平均分。假设学生的各科成绩如图 5-36 所示。

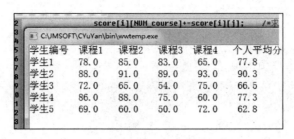

图 5-36　学生的各科成绩

3．编写程序，从键盘上输入一个字符串，首先统计各个字符重复出现的次数，然后按照各个字符出现的次数从小到大排列后输出。

4．编写程序，从键盘上输入若干个整数，其值范围为 0～10，用-1 作为输入结束的标志。统计输入整数的个数。

5．10 个学生围成一圈，并按顺序排号，从第一个开始报数（从 1 到 3 报数），凡报到 3 的人退出圈子，问最后留下的是原来第几号的学生（如果换成随机输入人数，则应该怎么修改）。

6．编写程序，从键盘上输入两个字符串 a 和 b，要求使用 strcat()函数把字符串 b 中的字符连接到字符串 a 的后面。

7．编写程序，输出如下杨辉三角。

1
1 1
1 2 1
1 3 3 1
1 4 6 4 1
1 5 10 10 5 1

项目 6
模块化设计（函数）

学习目标

知识目标

- 理解函数的定义。
- 理解主调函数和被调函数、实参和形参、函数的返回值、函数的声明。
- 熟悉函数的嵌套调用。
- 熟悉函数的递归调用。
- 了解数组名作为函数的参数。

能力目标

- 掌握函数的定义和说明格式。
- 能通过函数的调用，学会函数的参数传递，得到正确的函数返回值。
- 能利用函数的嵌套和递归调用强化模块化程序设计思路。

情景设置

对于一个完整的车辆监控系统，除了数据的采集、发送和接收，还需要在接收端显示电动汽车的运行状态，观察数据特点，并加以应对。本章的任务 6.1 通过一个显示函数实现了车辆数据的显示功能。

任务 6.1   显示车辆数据（无参数无返回值类型）

6.1.1   任务目标

创建一个 C 语言程序，输出某集团新能源 M 型大型客车 1～6 月新增明细表，如表 6-1 所示（单位为辆）。

表 6-1   大型客车 1～6 月新增明细表

	苏州市	无锡市	常州市	南京市
1 月	24	14	13	16

	苏州市	无锡市	常州市	南京市
2 月	20	16	16	25
3 月	18	30	20	43
4 月	24	10	8	12
5 月	10	5	6	8
6 月	8	5	5	7

程序运行结果如图 6-1 所示。

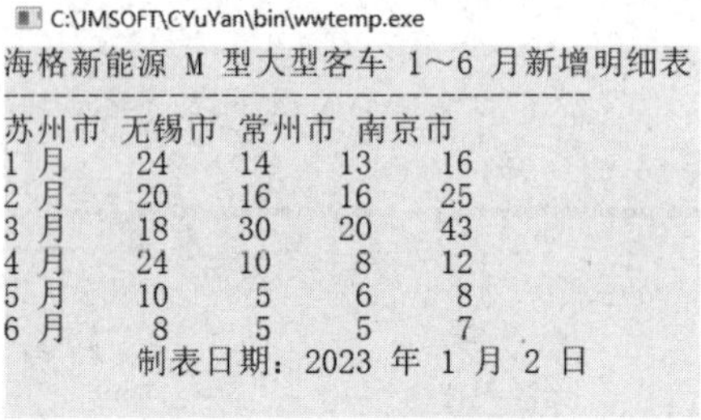

图 6-1　程序运行结果

6.1.2　知识储备

项目 5 已经介绍了很多函数，如数学函数 sqrt()、字符函数 strcat()等。一个较大的程序都会由若干个程序模块组成，每一个模块用来实现一个特定的功能。在 C 语言中，使用函数来实现各功能模块。

1．函数的概念

从用户使用的角度，函数分为以下两种。

（1）标准函数，即库函数：由系统提供，如 printf()、strlen()等

（2）用户自己定义的函数：目的是解决用户的专门需求。

2．有关函数的说明

（1）一个 C 程序可由一个 main()主函数和若干个其他函数构成，由 main()主函数调用其他函数。

（2）一个源程序文件由一个或多个函数组成，它们是一个整体。一个源程序是一个编译单位。

（3）C 语言程序的执行总是从 main()主函数开始的，调用其他函数后流程回到 main()主函数，在 main()主函数中结束整个程序的运行。main()主函数是由系统定义的。

（4）所有函数都是独立的，用于完成一个特定的功能。

3．无参数无返回值函数的定义形式

无参数无返回值函数的语法格式为：

```
void 函数名()
```

```
{
    声明部分
    语句
}
```

主函数中调用的写法：

```
函数名();
```

6.1.3　典型案例

典型案例 1：表 6-2 所示为某集团新能源不同类型客车在不同时段的耗油量。编写程序，要求自定义两个函数，分别输出表头和内容（耗油量单位为升）。

表 6-2　耗油量表

时段 1	时段 2	时段 3	时段 4	时段 5	时段 6	时段 7	时段 8
8.5	8.8	9.2	10.1	7.8	8.6	8.7	8.7
10.2	11	13	14.5	8.9	9.7	9.7	9.8

典型案例 1 的流程图主要由 3 部分构成，其中主函数流程图如图 6-2 所示，子函数表头流程图如图 6-3 所示，子函数内容流程图如图 6-4 所示。

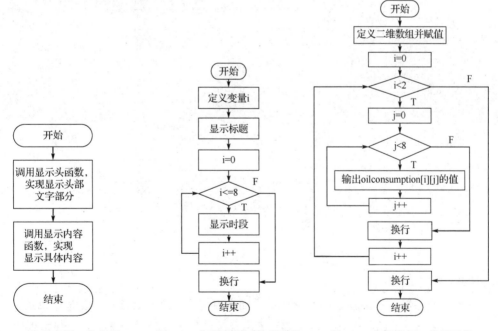

图 6-2　典型案例 1 的主函　　图 6-3　典型案例 1 的子函数　　图 6-4　典型案例 1 的子函数
　　　　　数流程图　　　　　　　　　　表头流程图　　　　　　　　　内容流程图

代码如下：

```
#include"stdio.h"
void print_head()
```

```
{
    int i;
    printf("某集团新能源不同类型客车在不同时段的耗油量\n");
    for(i=1;i<=8;i++)
      printf("时段%d\t",i);
    printf("\n");
}
void print_details()
{
    float oilconsumption[2][8]={{8.5,8.8,9.2,10.1,7.8,8.6,8.7,8.7},{10.2,
11,13,14.5,8.9,9.7,9.7,9.8}};
    int i,j;
    for(i=0;i<2;i++)
    {
      for(j=0;j<8;j++)
      {
          printf("%.2f\t",oilconsumption[i][j]);
      }
      printf("\n");
    }
}
void main()
{
    print_head();
    print_details();
}
```

典型案例 1 的运行结果如图 6-5 所示。

```
C:\JMSOFT\CYuYan\bin\wwtemp.exe
某集团新能源不同类型客车在不同时段的耗油量
时段1     时段2     时段3     时段4     时段5     时段6     时段7     时段8
8.50      8.80      9.20      10.10     7.80      8.60      8.70      8.70
10.20     11.00     13.00     14.50     8.90      9.70      9.70      9.80
```

图 6-5　典型案例 1 的运行结果

小贴士：

无参数无返回值函数是函数中最简单的一种形式。函数的作用就类似于班级管理，主函数是班主任，子函数是各个班干部，班主任负责所有事情的布置，班干部根据职责完成任务。

典型案例 2：从键盘上输入某品牌新能源客车 3 个驾驶员 6 个月的工资，并输出。

典型案例 2 的流程图主要由 3 部分构成，其中主函数流程图如图 6-6 所示，子函数输入数据流程图如图 6-7 所示，子函数输出数据流程图如图 6-8 所示。

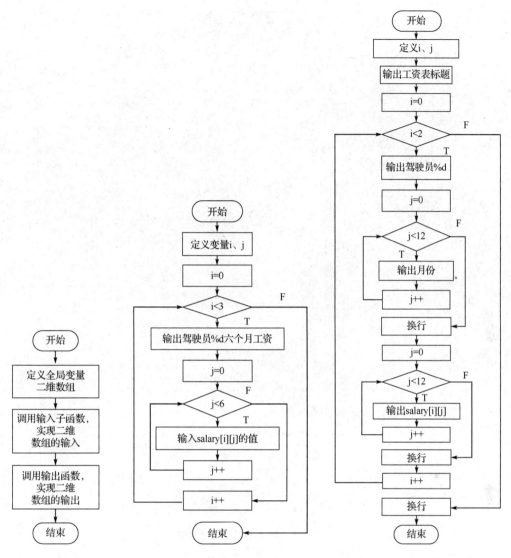

图 6-6 典型案例 2 的
主函数流程图

图 6-7 典型案例 2 的子函数
输入数据流程图

图 6-8 典型案例 2 的子函数
输出数据流程图

代码如下：

```
#include"stdio.h"
float salary[3][6];
void input_salary()
{
    int i,j;
    for(i=0;i<3;i++)
    {    printf("驾驶员%d 六个月工资:",i+1);
    for(j=0;j<6;j++)
      {
          scanf("%f",&salary[i][j]);
      }
    }
```

```
}
void output_salary()
{
    int i,j;
    printf("驾驶员 6 个月的工资明细表\n");
    for(i=0;i<3;i++)
    {
        printf("驾驶员%d   ",i+1);        //3 个空格
        for(j=0;j<6;j++)
            printf("%d 月      ",j+1);
        printf("\n");                      //7 个空格
        for(j=0;j<6;j++)
            printf("%10.2f",salary[i][j]);
        printf("\n");
        printf("          ");              //10 个空格
    }
}
void main()
{
    input_salary();
    output_salary();
}
```

典型案例 2 的运行结果如图 6-9 所示。

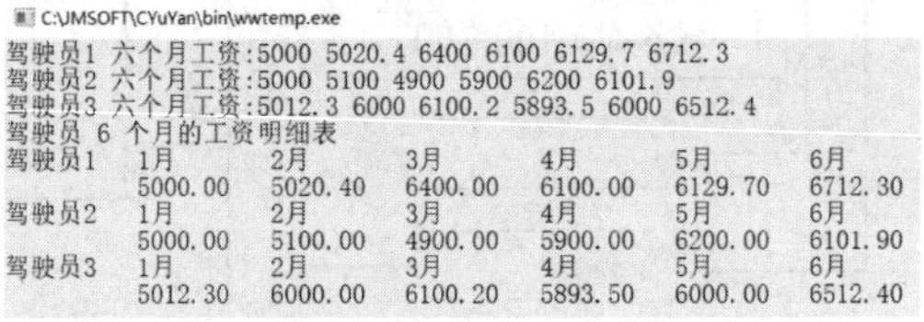

图 6-9　典型案例 2 的运行结果

6.1.4　任务分析与实践

任务 6.1 的流程图主要由 4 部分构成，其中主函数流程图如图 6-10 所示，子函数显示内容流程图如图 6-11 所示。

代码如下：

```
#include"stdio.h"
void print_head()
{
    printf("海格新能源 M 型大型客车 1～6 月新增明细表\n");
    printf("------------------------------------\n");
    printf("苏州市     无锡市     常州市     南京市\n");
}
void print_body()
{
    int V_number[6][4]={{24,14,13,16},{20,16,16,25},
```

```
            {18,30,20,43},{24,10,8,12},{10,5,6,8},{8,5,5,7}};
    int i,j;
    for(i=0;i<6;i++)
    {
      printf("%d 月",i+1);
      for(j=0;j<4;j++)
        {
            printf("%6d",V_number[i][j]);
        }
      printf("\n");
    }
}
void print_foot()
{
    printf("                          制表日期：2023 年 1 月 2 日");
}
void main()
{
    print_head();
    print_body();
    print_foot();
}
```

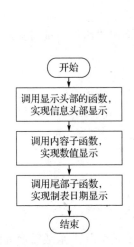

图 6-10　任务 6.1 的主函数流程图

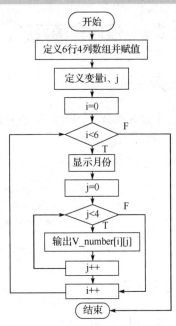

图 6-11　任务 6.1 的子函数显示内容流程图

6.1.5　巩固练习

1. 需要输出 p1()、p2()各个函数，请填空。

```
#include <stdio.h>
```

```
void  p1()
 {
     printf("    *\n");
     printf("   ***\n");
     printf("  *****\n");
     printf(" *******\n");
 }
void p2()
 {
     printf("    *\n");
     printf("    *\n");
     printf("    *\n");
 }
void main()
 {
     _____;
     _____;
 }
```

2. 编写程序，利用函数输出 10 次"爱家才会有温馨，爱国才能得安宁。家庭是温暖的巢，国家是安稳的营。"

任务 6.2　根据车辆品牌，显示车辆数据（有参数无返回值类型）

6.2.1　任务目标

从键盘上输入车辆品牌，如果是 BYD（比亚迪），则输出"国产新能源汽车"，否则输出"不能辨别"。

程序运行结果如图 6-12 所示。

```
C:\JMSOFT\CYuYan\bin\wwtemp.exe
请输入车辆品牌：BYD
国产新能源汽车
```

图 6-12　程序运行结果

6.2.2　知识储备

在使用函数时，有时我们需要传递一些数据。这时，子函数和主函数就会有参数使用。有参数无返回值函数的语法格式为：

```
void 函数名(数据类型 形参1,数据类型 形参2,…)
{
    声明部分
    语句
}
```

主函数中调用的写法：

函数名(参数1,实参2,…)

6.2.3　典型案例

典型案例 1：从键盘上输入一个车牌号，要求长度等于 5。如果长度不等于 5，则输出"车牌号长度错误！"；如果长度等于 5，则输出"车牌号长度正确！"。

典型案例 1 的流程图主要由两部分构成，其中主函数流程图如图 6-13 所示，子函数判断车牌号长度流程图如图 6-14 所示。

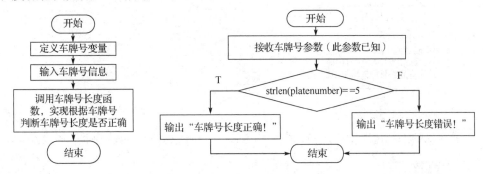

图 6-13　典型案例 1 的主函数流程图　　图 6-14　典型案例 1 的子函数判断车牌号长度流程图

代码如下：

```c
#include"stdio.h"
#include"string.h"
void platenumber_len(char platenumber[])
{
    if (strlen(platenumber)==5)
      printf("车牌号长度正确!");
    else
      printf("车牌号长度错误!");
}
void main()
{
    char platenumber[20];
    printf("请输入车牌号:");
    gets(platenumber);
    platenumber_len(platenumber);
}
```

典型案例 1 的运行结果如图 6-15 所示。

■ C:\JMSOFT\CYuYan\bin\wwtemp.exe

请输入车牌号:AB123
车牌号长度正确!

图 6-15　典型案例 1 的运行结果

典型案例 2：从键盘上输入一个数值，如果输入 1，则输出"比亚迪"；如果输入 2，则输出"东风"；如果输入 3，则输出"吉利"；如果输入其他数值，则输出"不确定"。

典型案例 2 的流程图主要由两部分构成，其中主函数流程图如图 6-16 所示，子函数判断品牌流程图如图 6-17 所示。

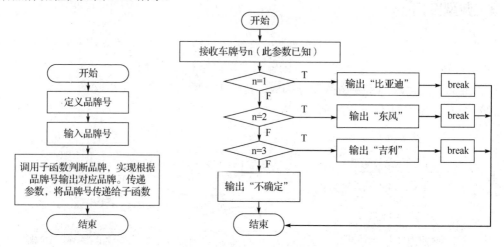

图 6-16　典型案例 2 的主函数流程图　　　图 6-17　典型案例 2 的子函数判断品牌流程图

代码如下：

```c
#include "stdio.h"
void brand_info(int n)
{
    switch(n)
    {
        case 1:printf("比亚迪");break;
        case 2:printf("东风");break;
        case 3:printf("吉利");break;
        default: printf("不确定");
    }
}
void main()
{
    int brand_number;
    printf("请输入品牌号(1 位整数):");
    scanf("%d",&brand_number);
    brand_info(brand_number);
}
```

典型案例 2 的运行结果如图 6-18 所示。

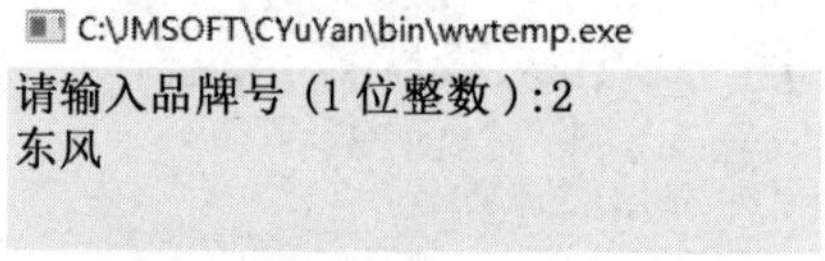

C:\JMSOFT\CYuYan\bin\wwtemp.exe

请输入品牌号（1 位整数）:2
东风

图 6-18　典型案例 2 的运行结果

典型案例 3：从键盘上输入某品牌新能源客车 1 个驾驶员 6 个月的工资，并输出。

典型案例 3 的流程图主要由 3 部分构成，其中主函数流程图如图 6-19 所示，子函数输入工资流程图如图 6-20 所示，子函数输出工资流程图如图 6-21 所示。

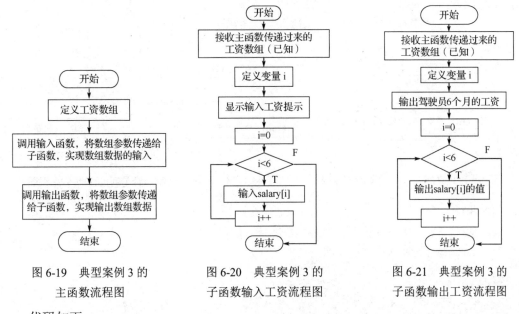

图 6-19　典型案例 3 的
主函数流程图

图 6-20　典型案例 3 的
子函数输入工资流程图

图 6-21　典型案例 3 的
子函数输出工资流程图

代码如下：

```
#include"stdio.h"
void input_salary(float salary[])
{
    int i;
    printf("请输入 6 个月的工资：");
    for(i=0;i<6;i++)
      scanf("%f",&salary[i]);
}
void output_salary(float salary[])
{
    int i;
    printf("该驾驶员 6 个月的工资：");
    for(i=0;i<6;i++)
      printf("%.2f\t",salary[i]);
}
void main()
{
    float salary[6];
    input_salary(salary);
    output_salary(salary);
}
```

典型案例 3 的运行结果如图 6-22 所示。

C:\JMSOFT\CYuYan\bin\wwtemp.exe

请输入 6 个月的工资：5400 6512.5 5671 6523 7100 6701.6
该驾驶员 6 个月的工资：5400.00　6512.50 5671.00 6523.00 7100.00 6701.60

图 6-22　典型案例 3 的运行结果

6.2.4 任务分析与实践

任务 6.2 的流程图主要由两部分构成，其中主函数流程图如图 6-23 所示，子函数判断是否是新能源汽车流程图如图 6-24 所示。

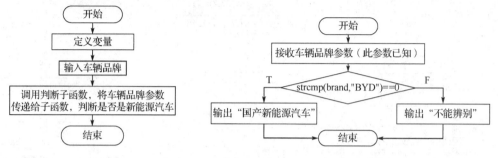

图 6-23 任务 6.2 的主函数流程图　　　图 6-24 子函数判断是否是新能源汽车流程图

代码如下：

```c
#include"stdio.h"
#include"string.h"
void brand_identify(char brand[])
{
    if (strcmp(brand,"BYD")==0)
      printf("国产新能源汽车");
    else
      printf("不能辨别");
}
void main()
{
    char brand[20];
    printf("请输入车辆品牌:");
    gets(brand);
    brand_identify(brand);
}
```

6.2.5 巩固练习

1. 编写程序，从键盘上输入两辆客车的载重量，运用有参数无返回值的方式输出最重客车的载重量（载重量单位为千克）。

2. 编写程序，已知某辆客车一个星期的载重量为 20、15、32、21、24、33、15，使用有参数无返回值的方式计算这个星期的客车总共载重量（载重量单位为千克）。

任务 6.3　根据汽车品牌输出销售量（有返回值类型）

6.4.1 任务目标

表 6-3 所示为几种品牌汽车近半年的销售量。从键盘上输入汽车品牌，输出销售量。

表 6-3　汽车品牌的销售量表

汽车品牌	销售量/辆
吉利	1500838
东风日产	1300592
长城	915039
北京现代	790177

程序运行结果如图 6-25 所示。

```
C:\JMSOFT\CYuYan\bin\wwtemp.exe
请输入品牌:长城
该品牌的销售量是915039
```

图 6-25　程序运行结果

6.3.2　知识储备

如果我们想要在百度上搜索一些内容，那么先输入要搜索的内容，结果就会显示在页面上。程序中也有很多这种情况，需要将子函数的数据返回，这就是有返回值函数。一般有两种情况：第一种无参数有返回值，第二种有参数有返回值。

1. 无参数有返回值

无参数有返回值函数的语法格式为：

```
返回值类型　函数名()
{
    语句;
    return 返回值;

}
```

主函数调用格式为：

```
变量名=函数名();              //变量名的数据类型与返回值的数据类型一致
```

2. 有参数有返回值

有参数有返回值函数的语法格式为：

```
返回值类型　函数名(参数1,参数2,…)
{
    语句;
    return 返回值;
}
```

主函数调用格式为：

```
变量名=函数名(实参);          //变量名的数据类型与返回值的数据类型一致
```

6.3.3 典型案例

典型案例 1：某集团驾驶员的工资根据驾驶员的安全驾驶年限制定，当安全驾驶年限为 0 年时，工资为 3000 元；当安全驾驶年限为 1～3 年时，工资为 4000 元；当安全驾驶年限为 4～7 年时，工资为 6000 元；当安全驾驶年限为 8～10 年时，工资为 8000 元；当安全驾驶年限超过 10 年时，工资为 10000 元。从键盘上输入安全驾驶年限，输出相对应的工资。

典型案例 1 的流程图主要由两部分构成，其中主函数流程图如图 6-26 所示，子函数计算工资流程图如图 6-27 所示。

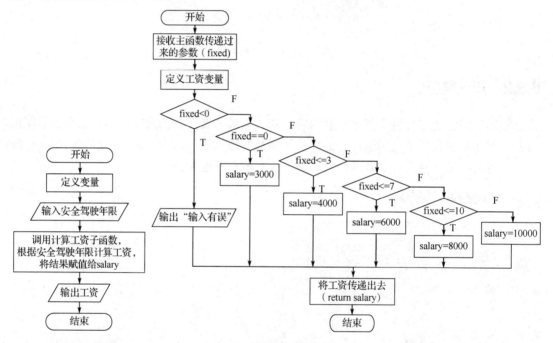

图 6-26 典型案例 1 的
主函数流程图

图 6-27 典型案例 1 的子函数计算工资流程图

代码如下：

```
#include"stdio.h"
float salary_onfixed(int fixed)
{
    float salary=-1;
    if(fixed<0)  printf("输入有误");
    else if(fixed==0) salary=3000;
        else  if(fixed<=3)  salary=4000;
                else  if(fixed<=7) salary=6000;
                    else  if(fixed<=10)  salary=8000;
                            else  salary=10000;
    return salary;
}
void main()
```

```
{
    int year;
    float salary;
    printf("请输入安全驾驶年限:");
    scanf("%d",&year);
    salary=salary_onfixed(year);
    printf("工资为: %.2f",salary);
}
```

典型案例 1 的运行结果如图 6-28 所示。

典型案例 2：从键盘上输入一个车牌号，如果第一个字符是 3，则输出"是自选号"，否则输出"不是自选号"。

典型案例 2 的流程图主要由两部分构成，其中主函数流程图如图 6-29 所示。

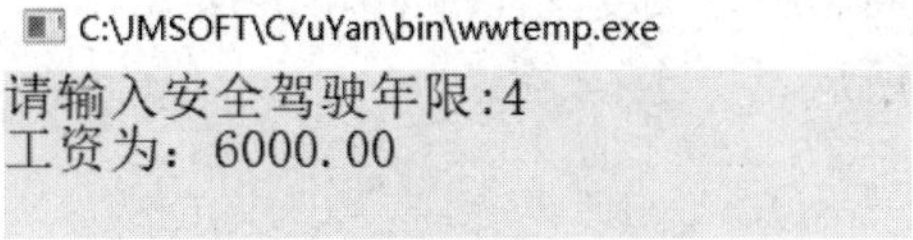

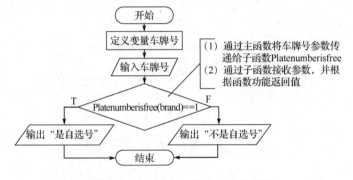

C:\JMSOFT\CYuYan\bin\wwtemp.exe

请输入安全驾驶年限:4
工资为：6000.00

图 6-28　典型案例 1 的运行结果

图 6-29　典型案例 2 的主函数流程图

代码如下：

```
#include"stdio.h"
#include"string.h"
#include"stdlib.h"
int  Platenumberisfree(char brand[])
{   int result=0;
    if(brand[0]=='3')
      result=1;
    return result;
}
void main()
{
    char brand[10];
    printf("请输入车牌号:");
    gets(brand);
    if(Platenumberisfree(brand)==1)printf("是自选号");
    else printf("不是自选号");
}
```

典型案例 2 的运行结果如图 6-30 所示。

C:\JMSOFT\CYuYan\bin\wwtemp.exe

请输入车牌号:3A125
是自选号

图 6-30　典型案例 2 的运行结果

典型案例 3：从键盘上输入一个车牌号，要求只包含数字和大写字母，判断是否合格。

典型案例 3 的流程图主要由 3 部分构成，其中主函数流程图如图 6-31 所示，子函数判断车牌号长度流程图如图 6-32 所示，判断是否包含 5 个数字和大写字母流程图如图 6-33 所示。

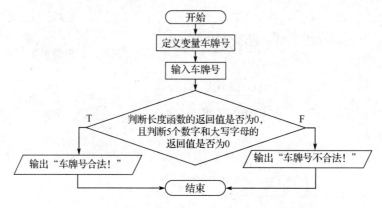

图 6-31　典型案例 3 的主函数流程图

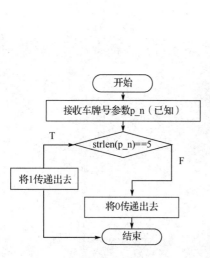

图 6-32　典型案例 3 的子函数判断
车牌号长度流程图

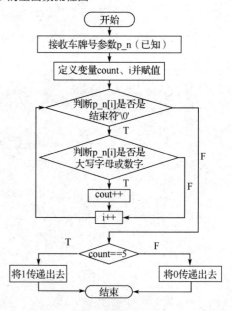

图 6-33　典型案例 3 的判断是否包含 5 个数字和
大写字母流程图

代码如下：

```
#include"stdio.h"
```

```
#include"string.h"
#include"ctype.h"
int len_islegal(char p_n[])
{
    if(strlen(p_n)==5)
      return 1;
    return 0;
}
int digit_upper_islegal(char p_n[])
{
    int count=0,i=0;
    while(p_n[i]!='\0')
    {
        if(isdigit(p_n[i]) || isupper(p_n[i]))
          count++;
        i++;
    }
    if (count==5)
      return 1;
    return 0;
}
void main()
{
    char Plate_number[10];
    printf("请输入车牌号:");
    gets(Plate_number);
    if(len_islegal(Plate_number) && digit_upper_islegal(Plate_number) )
      printf("车牌号合法! ");
    else
      printf("车牌号不合法! ");
}
```

典型案例 3 的运行结果如图 6-34 所示。

图 6-34　典型案例 3 的运行结果

典型案例 4：已知 4 种汽车品牌近半年的销售量，输出最大销售量。

典型案例 4 的流程图主要由两部分构成，其中主函数流程图如图 6-35 所示，子函数求最值流程图如图 6-36 所示。

代码如下：

```
#include "stdio.h"
int sales[4]={1500838,1300592,915039,790177};
int max_sales()
{
```

```
    int i,max=sales[0];
    for (i=1;i<4;i++)
    {
        if (max<sales[i])
          max=sales[i];
    }
    return max;
}
void main()
{
    printf("最大销售量是：%d",max_sales());
}
```

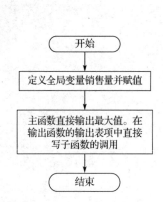

图 6-35 典型案例 4 的主函数流程图

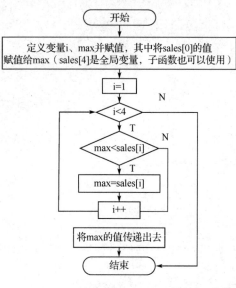

图 6-36 典型案例 4 的子函数求最值流程图

典型案例 4 的运行结果如图 6-37 所示。

▣ C:\JMSOFT\CYuYan\bin\wwtemp.exe
最大销售量是：1500838

图 6-37 典型案例 4 的运行结果

6.3.4 任务分析与实践

任务 6.3 的流程图主要由两部分构成，其中主函数流程图如图 6-38 所示，子函数根据汽车品牌输出销售量流程图如图 6-39 所示。

代码如下：

```
#include"stdio.h"
#include"string.h"
char brand_sales[4][20]={"吉利","东风日产","长城","北京现代"};
int sales[4]={1500838,1300592,915039,790177};
```

```
int search_salesonbrand(char brand[])
{
    int salesnumber=-1,i;
    for(i=0;i<4;i++){
        if (strcmp(brand,brand_sales[i])==0)
          {
          salesnumber=sales[i];
          break;
          }
    }
    return salesnumber;
}
void main()
{
    char brand[20];
    printf("请输入品牌:");
    gets(brand);
    if (search_salesonbrand(brand)!=-1)
    printf("该品牌的销售量是%d",search_salesonbrand(brand));
    else
    printf("无此品牌! ");
}
```

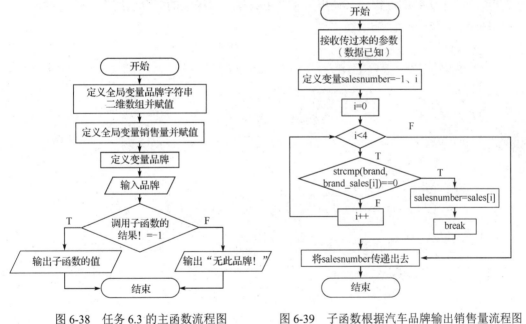

图 6-38 任务 6.3 的主函数流程图　　图 6-39 子函数根据汽车品牌输出销售量流程图

6.3.5 巩固练习

1. 编写程序，从键盘上输入两辆客车的载重量，使用有参数有返回值的方式输出最重客车的载重量（载重量单位为千克）。

2. 编写程序，已知某辆客车一个星期的载重量为 20、15、32、21、24、33、15，使用有参数有返回值的方式计算这个星期的客车总共载重量（载重量单位为千克）。

任务 6.4　根据驾驶员的工作年限，求第 12 年的月工资数额（嵌套和递归）

6.4.1　任务目标

已知驾驶员的月工资和工作年限相关，第 1 年的月工资为 5000 元，以后每年增长 10%，求第 12 年的月工资。程序运行结果如图 6-40 所示。

C:\JMSOFT\CYuYan\bin\wwtemp.exe
第 12 年的月工资是 14265.58

图 6-40　程序运行结果

6.4.2　知识储备

1. 函数的嵌套调用

在调用一个函数的过程中又调用另一个函数称为"函数的嵌套调用"。

示例 1：函数的嵌套调用。

```
#include <stdio.h>
    void f1();
    void f2(int n);
    void main()
    {
        f1();
    }
    void f1()
    {
        f2 (5);

    }
    void f2 (int n)
    {  int i;
    for(i=1;i<=n;i++)
    printf("*");
    }
```

示例 1 中的函数嵌套调用的示意图如图 6-41 所示。

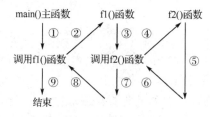

图 6-41　函数嵌套调用的示意图

2. 函数的递归调用

在调用一个函数的过程中，又出现直接或间接地调用该函数本身的过程称为"函数的递归调用"。

示例 2：函数的递归调用的应用。

```
#include <stdio.h>
    void f(int n)
    {
    if(n==0)  return;
        printf("%d\n",n);
        f(--n);                    //直接递归调用
    }
    void main( )
    {
        int num=5;
        f(num);
    }
```

6.4.3 典型案例

典型案例 1：某集团对驾驶员的工资根据是否出现交通事故而制定，如果没有出现交通事故，则驾驶员下一个月的工资会增长 10%。一个驾驶员 1 月的工资为 3000 元，假设该驾驶员全年都没有出现交通事故，则计算这个驾驶员全年的工资（一个函数求和，另一个函数求每个月的工资）。

典型案例 1 函数的嵌套调用示意图如图 6-42 所示。

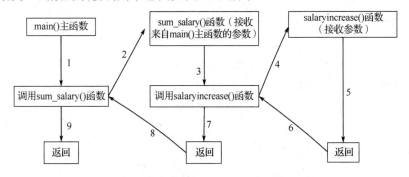

图 6-42　典型案例 1 函数的嵌套调用示意图

代码如下：

```
#include"stdio.h"
double salaryincrease(int month)
{
    double salary=3000;
    int i;
    for(i=2;i<=month;i++)
```

```
    salary=salary*1.1;
    return salary;
}
double sum_salary(int month)
{
    double sum=0;
    int i;
    for(i=1;i<=12;i++)
    sum=sum+salaryincrease(i);
    return sum;
}
void main()
{
    int month=12;
    printf("本年一共领取了%.2f 元的工资",sum_salary(12));
}
```

典型案例 1 的运行结果如图 6-43 所示。

C:\JMSOFT\CYuYan\bin\wwtemp.exe

本年一共领取了64152.85 元的工资

图 6-43　典型案例 1 的运行结果

典型案例 2：5 个驾驶员坐在一起，问第 5 个人的年龄，他说比第 4 个人大 2 岁；问第 4 个人的年龄，他说比第 3 个人大 2 岁；问第 3 个人的年龄，他说比第 2 个人大 2 岁；问第 2 个人的年龄，他说比第 1 个人大 2 岁。假设第 1 个人的年龄是 25 岁，那么第 5 个人的年龄是多少岁。

1）算法分析

根据题意可知

age(5)=age(4)+2

age(4)=age(4)+2

age(3)=age(2)+2

age(2)=age(1)+2

age(1)=25

2）转换成数学公式总结

$$age(n) = \begin{cases} age(n-1) + 2 & (n > 1) \\ 25 & (n = 1) \end{cases}$$

典型案例 2 递归调用示意图如图 6-44 所示。

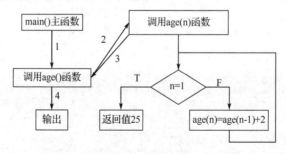

图 6-44　典型案例 2 递归调用示意图

代码如下：

```
#include"stdio.h"
int age(int n){
    if(n==1)
      return 25;
    else
      return age(n-1)+2;
}
void main()
{
    int n=5;
    printf("第5个人的年龄是%d岁",age(5));
}
```

典型案例 2 的运行结果如图 6-45 所示。

当运用递归调用时，建议先换成上述的数学公式总结，再按照公式完成递归调用。

典型案例 3：用递归方法求 10!。

算法分析如下。

10! =9! ×10。

9! =8! ×7。

……

2! =1! ×1。

代码如下：

```
#include"stdio.h"
long fact(int n)
{
    if(n==1)
      return 1;
    else
      return n*fact(n-1);
}
void main()
{
    int n=10;
    printf("10!=%ld",fact(10));
}
```

典型案例 3 的运行结果如图 6-46 所示。

C:\JMSOFT\CYuYan\bin\wwtemp.exe

第 5 个人的年龄是33 岁

C:\JMSOFT\CYuYan\bin\wwtemp.exe

10!=3628800

图 6-45　典型案例 2 的运行结果 　　　　　图 6-46　典型案例 3 的运行结果

小贴士：

$n!$是阶乘的含义，$n!=n\times(n-1)\times(n-2)\times(n-3)\times\cdots\times2\times1$

6.4.4 任务分析与实践

1）算法分析

(1) 第 1 年的月工资 salary(1)=5000。

(2) 第 2 年的月工资 salary(2)= salary(1)*1.1。

(3) 第 3 年的月工资 salary(3)= salary(2)*1.1。

…

(12) 第 12 年的月工资 salary(n)= salary($n-1$)*1.1。

2）总结数学公式

$$salary(n) = \begin{cases} salary(n-1)\times1.1 & (n>1) \\ 5000 & (n=1) \end{cases}$$

代码如下：

```c
#include"stdio.h"
float salaryincrease(int n){
    float salary;
    if (n==1)
      salary=5000;
    else
      salary=salaryincrease(n-1)*1.1;
    return salary;
}
void main()
{
    int n=12;
    printf("第12年的月工资是%.2f",salaryincrease(12));
}
```

6.4.5 巩固练习

1. 汉诺（Hanoi）塔问题：古代有一个梵塔，塔内有 3 个座 A、B、C，A 座上有 30 个盘子，盘子大小不等，大的在下面，小的在上面。有一个和尚想把这 30 个盘子从 A 座移到 B 座，但每次只允许移动一个盘子，并且在移动过程中，3 个座上的盘子始终保持大盘在下，小盘在上。一共移动了多少次？

2. 这里有一组数字 1、1、2、3、5、8、13、21、34、55……，要求使用递归算法计算出这组数字的第 40 个数是多少（这组数字是斐波纳契数列，斐波纳契数列的定义为：它的第一项和第二项均为 1，以后各项都是前两项之和）？

同步训练

一、选择题

1. 以下关于函数叙述中错误的是（　　）。
    A. 当函数未被调用时，系统将不为形参分配内存单元
    B. 实参与形参的个数应相等，且实参与形参的类型必须对应一致
    C. 当形参是变量时，实参可以是常量、变量或表达式
    D. 形参可以是常量、变量或表达式

2. C 语言程序中各函数之间可以通过多种方式传递数据。下列不能用于实现数据传递的方式是（　　）。
    A. 参数的形实结合　　　　　　　B. 函数返回值
    C. 全局变量　　　　　　　　　　D. 同名的局部变量

3. 如果函数调用时参数为基本数据类型的变量，则以下叙述中正确的是（　　）。
    A. 实参与其对应的形参共占存储单元
    B. 只有当实参与其对应的形参同名时才共占存储单元
    C. 实参与对应的形参分别占用不同的存储单元
    D. 在实参将数据传递给形参后，立即释放原先占用的存储单元

4. 当函数调用，且实参和形参都是简单变量时，它们之间数据传递的过程是（　　）。
    A. 实参将其地址传递给形参，并释放原先占用的存储单元
    B. 实参将其地址传递给形参，调用结束时形参再将其地址回传给实参
    C. 实参将其值传递给形参，调用结束时形参再将其值回传给实参
    D. 实参将其值传递给形参，调用结束时形参并不会将其值回传给实参

5. 如果函数调用时的实参为变量，则以下关于函数形参和实参的叙述中正确的是（　　）。
    A. 函数的实参与其对应的形参共用同一个存储单元
    B. 形参只是形式上的存在，不占用具体存储单元
    C. 同名的实参与形参占用同一个存储单元
    D. 函数的形参和实参分别占用不同的存储单元

6. 如果用数组名作为函数调用的实参，则传递给形参的是（　　）。
    A. 数组的首地址　　　　　　　　B. 数组的第一个元素的值
    C. 数组中全部元素的值　　　　　D. 数组元素的个数

7. 如果函数调用时用数组名作为函数的参数，则以下叙述中正确的是（　　）。
    A. 实参与其对应的形参共用同一个存储单元
    B. 实参与其对应的形参占用相同的存储单元
    C. 实参将其地址传递给形参，同时形参会将该地址传递给实参
    D. 实参将其地址传递给形参，等同实现了参数之间双向值的传递

8．如果一个函数位于 C 语言程序文件的上部，在该函数体内说明语句后的复合语句中定义了一个变量，则该变量（　　　）。

    A．为全局变量，在本程序文件范围内有效

    B．为局部变量，只在该函数内有效

    C．为局部变量，只在该复合语句中有效

    D．定义无效，为非法变量

9．C 语言中函数返回值的类型由（　　　）决定。

    A．return 语句中的表达式类型

    B．调用函数的主调函数类型

    C．调用函数时临时

    D．定义函数时所指定的函数类型

10．定义一个 void()函数意味着调用该函数时，函数（　　　）。

    A．通过 return 返回一个用户所希望的函数值

    B．返回一个系统默认值

    C．没有返回值

    D．返回一个不确定的值

11．如果程序中定义函数 float myadd(float a, float b) { return a+b;}，并将其放在调用语句的后面，则在调用之前应对该函数进行说明，以下说明中错误的是（　　　）。

    A．float myadd(float a,b);

    B．float myadd(float b, float a);

    C．float myadd(float, float);

    D．float myadd(float a, float b);

12．以下程序有语法性错误，有关错误原因的正确说法是（　　　）。

```
void main()
{  int G=5,k;
void  prt_char();
…
k=prt_char(G);
… }
```

    A．void prt_char();语句有错误，它是函数调用语句，不能用 void 说明

    B．变量名不能使用大写字母

    C．函数说明和函数调用语句之间有矛盾

    D．函数名不能使用下画线

13．以下所列的各函数首部中正确的是（　　　）。

    A．void play(var :Integer,var b:Integer)

    B．void play(int a,b)

    C．void play(int a,int b)

    D．Sub play(a as integer,b as integer)

14. 在调用函数时，如果实参是简单变量，则它与对应形参之间的数据传递方式是（　　　）。

    A．地址传递

    B．单向值传递

    C．由实参传给形参，再由形参传回实参

    D．传递方式由用户指定

15. 下面函数定义形式正确的是（　　　）。

    A．int f(int x; int y);　　　　　　B．int f(int x,y);

    C．int f(int x, int y);　　　　　　D．int f(x,y: int);

二、填空题

1. 下面程序的输出结果是_____。

```
int fun(int a, int b)
{
  if(a>b)  return a;
  else  return b;
}
void main()
{
  int x=3,y=8,z=6,r;
  r=fun(fun(x,y),2*z);
  printf("%d\n",r);
}
```

2. 下面程序的输出结果是_____。

```
fun(int a,int b,int c)
{
 c=a+b;
}
void main()
{ int c=10;
  fun(2,3,c);
  printf( "%d\n" ,c);
    return 0; }
```

3. 下面程序的输出结果是_____。

```
func(int a,int b)
{
 int temp=a;
 a=b; b=temp; }
void main()
{
 int x,y;
  x=10;
```

```
y=20;
 func(x,y);
printf("%d,%d\n",x,y);
```

4．下面程序的输出结果是_____。

```
#include "stdio.h"
int fun (int x)
{ printf ("x=%d\n",++x);
}
void main()
{ fun (12+5); return 0;
}
```

5．下面程序的输出结果是_____。

```
void fun (int a,int b,int c)
 { a=456; b=567; c=678;}
void main()
{ int x=10, y=20,z=30;
fun (x,y,z);
printf("%d,/%d,%d\n",x,y,z);
return 0; }
```

6．下面程序的输出结果_____。

```
int f(int x,int y)
{ return(y-x)*x; }
void main()
{ int a=3,b=4,c=5,d;
d=f(f(3,4),f(3,5));
printf("%d\n",d);  }
```

三、编程题

1．编写一个函数 fan(int m)，计算任意一个输入的整数的各位数字之和。主函数包括输入函数、输出函数和调用函数。

2．已有变量定义语句和函数调用语句 int x=57、isprime(x)；isprime( )函数用来判断整型数 x 是否为素数，如果是素数，则函数返回值为 1，否则返回值为 0。请编写 isprime()函数（不可以修改主函数）。

3．中华人民共和国（the People's Republic of China）简称"中国"，成立于 1949 年 10 月 1 日。编写程序，从键盘上任意输入一个日期，计算中国成立了多少天。

4．编写程序，制作一个天数计算器，任意输入两个时间，计算这两个时间之间隔了多少天。

07 | 项目 7
汽车数据间接显示（指针）

学习目标

知识目标
- 理解指针就是地址。
- 理解直接访问和间接访问。
- 熟悉 "&" 取地址运算符和 "*" 间接寻址运算符。

能力目标
- 掌握指针变量的定义、引用、初始化、函数参数及相应的运算。
- 能利用指针对一维数组进行操作。
- 能通过字符串指针对字符串进行操作。

情景设置

对于一个完整的新能源数据监控系统，需要随时监控车辆各个数据的状态。当出现电池等数据到期时，要及时更换或修理电池。

任务 7.1 统计某车企一年的汽车销售量（指针和变量）

7.1.1 任务目标

某车企上半年的汽车销售量为 56 辆，下半年的汽车销售量为 78 辆，使用指针统计一年的汽车销售量（变量名：上半年汽车销售量，下半年汽车销售量）。

程序运行结果如图 7-1 所示。

```
C:\JMSOFT\CYuYan\bin\wwtemp.exe
已知某车企上半年的汽车销售量为56辆,下半年的汽车销售量为78辆
总销售量为134辆
```

图 7-1　程序运行结果

7.1.2 知识储备

每个班级都有教室，高一三班的教室在 A 楼 311 室，如果将一叠材料送过去，则可以将材料送到高一三班教室，或者将材料送到 A 楼 311 教室。这两种说法都对，第一种说法是直接直接说出教室名称，第二种说法是告诉地址。

1. 直接访问和间接访问

在 C 语言中，给变量赋值也有以下两种方法。

第一种，直接访问赋值：直接按照变量名进行访问，如直接用变量名赋值，系统会准确地将值存入该变量的内存单元中，而用户不用知道该变量具体的内存地址。

第二种，间接访问赋值：将该变量地址存放在另一个特殊变量（指针变量）中，通过这个指针变量，将值存入指定的内存单元。

前者属于直接存取，后者属于间接存取。

2. 指针和地址

指针：用户可以将指针看作内存中的一个地址。在一般情况下，指针需要指向另一个变量的地址。

示例 1：下面程序主要介绍通过指针变量访问普通变量的方法。

```c
#include "stdio.h"
void main()
{ int x=0;
  int *p;                   //定义指针变量
  p=&x;                     //将变量 x 的地址赋给指针变量*p
  *p=100;                   //等价于 x=100
  *p=*p+50;                 //等价于 x=x+50
  printf("x=%d",x);
}
```

归纳分析如下。

（1）指针变量也必须先定义后使用，指针变量的一般定义形式为：

类型名 * 指针变量名；

（2）变量的地址按如下形式表示：

&变量名；

（3）指针与指向变量之间的关系如下：

在示例中 1，当指针 p 指向 x 的地址时，p=&x。那么，*p 与 x 等价于*p=x；p 与&x 等价 p=&x。

7.1.3 典型案例

典型案例 1：某新能源汽车的电池的使用年限是 8 年，从键盘上输入电池已使用的年限，输出电池的剩余年限（变量名：电池的使用年限 Battery_life，电池已使用的年限 Durable_years，电池的剩余年限 Remain_years）。

代码如下：

```
#include "stdio.h"
void main()
{
int Durable_years,Battery_life=8,Remain_years,*D,*B,*R;
    printf("已知某新能源汽车的电池的使用年限是%d 年\n",Battery_life);
    printf("从键盘上输入电池已使用的年限:\n");
    scanf("%d",&Durable_years);
    D=&Durable_years;
    B=&Battery_life;
    R=&Remain_years;
    *R=*B-*D;
    printf("已知某新能源汽车的电池的使用年限是%d 年，电池已使用的年限为%d 年，电池的剩
余年限为%d 年",*B,*D,*R);
    }
```

典型案例 1 的运行结果如图 7-2 所示。

典型案例 2：从键盘上输入某新能源客车的载客人数，输入目前已经有的人数，输出还有多少人可以乘坐该客车（变量名：总载客人数 Headcount，目前已有的人数 Somepeople，剩余人数 Remainpeople）。

代码如下：

```
#include "stdio.h"
void main()
{
  int  Headcount,Somepeople,Remainpeople,*H,*S,*R;
  H=&Headcount;
  S=&Somepeople;
  printf("从键盘上输入某新能源客车的载客人数\n");
  scanf("%d",H);
  printf("输入目前已有的人数\n");
  scanf("%d",S);
  R=&Remainpeople;
  *R=*H-*S;
  printf("还有%d 人可以乘坐该客车",*R);
}
```

典型案例 2 的运行结果如图 7-3 所示。

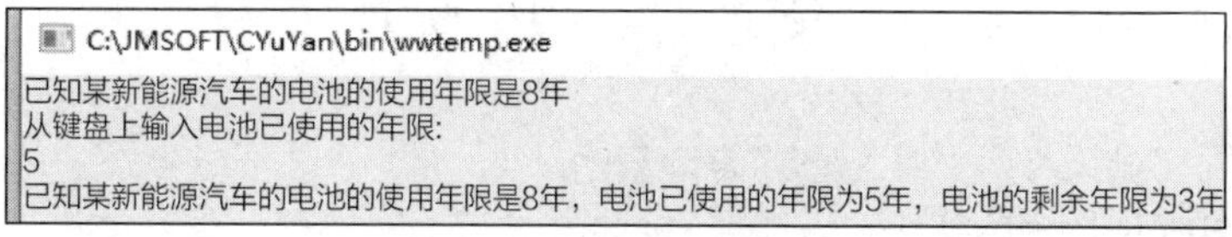

图 7-2　典型案例 1 的运行结果

图 7-3　典型案例 2 的运行结果

7.1.4　任务分析与实践

代码如下：

```
#include "stdio.h"
void main()
{
    int un=78,on=56,sale,*p,*q,*t;
    printf("已知某车企上半年的汽车销售量为%d辆,下半年的汽车销售量为%d辆\n",on,un);
    p=&un;
    q=&on;
    t=&sale;
    *t=*p+*q;
    printf("总销售量为%d辆",*t);
}
```

7.1.5　巩固练习

一、选择题

1. 下面程序的运行结果是（　　）。

```
void ast (int x,int y,int *cp,int *dp)
{ *cp=x+y; *dp=x-y; }
main()
{ int a=4,b=3,c,d;
  ast(a,b,&c,&d);
  printf("%d,%d\n",c,d);
}
```

　　A. 7,1　　　　　　　　　　　　　B. 1,7

　　C. 7,-1　　　　　　　　　　　　　D. c、d未被赋值，编译出错

2. 有以下语句：

```
int a[5]={0,1,2,3,4,5},i;
int *p=a;
```

设0≤i＜5，对a数组元素不正确的引用是（　　）。

　　A. *(&a[i])　　　　B. a[p-a]　　　　C. *(*(a+i))　　　　D. p[i]

3. 假设有定义 int *p1,*p2;，则错误的表达式是（　　）。

　　A. p1+p2　　　　B. p1-p2　　　　C. p1＜p2　　　　D. p1=p2

4. 已知有定义 int *p,k=4; p=&k;，以下均代表地址的是（　　）。

　　A. k, p　　　　　B. &k, &p　　　　C. &k, p　　　　　D. k, *p

5. 下面语句错误的是（　　）。

　　A. int *p; *p=20;

　　B. char *s="abcdef"; printf("%s\n",s);

　　C. char *str="abcdef"; str++;

　　D. char *str;str="abcdef";

二、填空题

1. 指针变量是把内存中另一个数据的_____作为其值的变量。

2. 能够直接赋值给指针变量的整数是_____。

3. 程序中已有定义 int k;，定义一个指向变量 k 的指针变量 p 的语句是_____；通过指针变量，将数值 6 赋值给 k 的语句是_____；定义一个可以指向指针变量 p 的变量 pp 的语句是_____；通过赋值语句将 pp 指向指针变量 p 的语句是_____。

任务 7.2 输出 1~12 月的汽车销售量（指针和数组）

7.2.1 任务目标

已知某品牌 4S 店 1~12 月的汽车销售量分别为 10、12、15、14、16、8、7、14、16、17、11、12，输出 1~12 月的汽车销售量（变量名：销售量数组、销售量指针、销售量单位为辆）。

程序运行结果如图 7-4 所示。

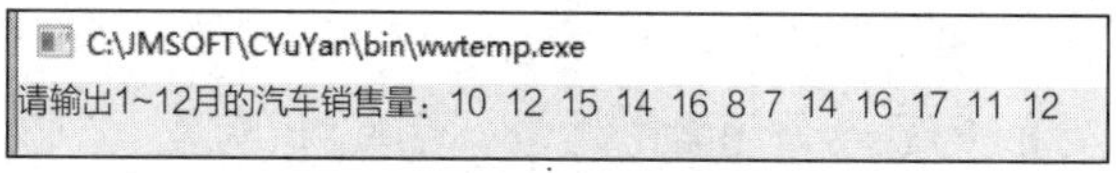

```
C:\JMSOFT\CYuYan\bin\wwtemp.exe
请输出1~12月的汽车销售量: 10 12 15 14 16 8 7 14 16 17 11 12
```

图 7-4 程序运行结果

7.2.2 知识储备

一个变量有地址，一个数组包含若干个元素，每个数组元素都在内存中占有存储单元，它们也都有自己对应的地址。数组元素的指针就是数组元素的地址。

1. 数组与指针

一维数组中指针的初始化有以下两种方法。

方法一：

```
int a[10],*p=NULL ;
p=a;
```

方法二：

```
int a[10],*p=NULL ;
p=&a[0] ;
```

当进行如上条件时，指针不必移动，可以有如下的等价替换。

数组地址&a[i]、p+i、a+i 三者相互等价。

例如：

```
scanf("%d",&a[i]);
scanf("%d",p+i);
scanf("%d",a+i);
```

三种输入效果相同，运用指针能够提高计算机程序的执行效率。

数组元素 a[i]、*(p+i)、*(a+i)三者相互等价。

例如：

```
printf("%d",a[i]);
printf("%d",*(p+i));
printf("%d",*(a+i));
```

三种输出结果相同，运用指针能够提高计算机程序的执行效率。

2. 指针运算

前文已经说明了指针就是地址，对地址进行赋值会是什么意思呢？通过前文介绍也可以看出来 p+1 就是 a[1]的地址，同时 p+1 可以写成 p++，因此指针具有以下两个特点。

- p+1：指向同一个数组中的下一个元素。
- p-1：指向同一个数组中的上一个元素。

3. 引入数组元素

运用指针引入数组元素，要考虑以下 3 个技巧。

（1）先执行 p++，再计算*p。

通过分析，p++执行的是下一个元素的地址，因此*p 就是下一个元素的值。

（2）*p++。

由于++和*同优先级，结合方向自右而左，因此*p++等价于*(p++)。

（3）*(p++)与*(++p)是否相同。

上述两者不相同。*(p++)为先选*p 的值，其值再加 1。*(p++)为 p 先指向下一个元素的地址，再求下一个元素的值。

示例 2：运行下面得程序，并分析一下结果

```
#include"stdio.h"
void main()
{
    char x[5]={10,8,9,7};
    char *p,*q,*k;
    p=x;
    q=x;
    k=x;
    printf("*p=%d\n",*p);
    printf("*(p++)=%d\n",*(p++));
    printf("*p=%d\n",*p);
    printf("*q++=%d\n",*q++);
    printf("*(++k)=%d\n",*(++k));
    printf("*k=%d\n",*k);
}
```

7.2.3   典型案例

典型案例 1：运用指针方式从键盘上输入某客车集团 5 个员工的工资，并将其输出。

代码如下：

```
#include"stdio.h"
void main()
{
    int i,employee[5],*p;
    printf("请输入 5 个员工的工资\n");
    for(i=0;i<5;i++)
        scanf("%d",&employee[i]);
    for(p=employee;p<employee+5;p++)
        printf("员工的工资为%d\n",*p);
}
```

典型案例 1 的运行结果如图 7-5 所示。

典型案例 2：从键盘上输入一个员工 1～12 月的工资，求和并输出。

代码如下：

```
#include "stdio.h"
void main()
{
    int i,month[12],*p,salary=0;
    for(i=0;i<12;i++)
        {  printf("请输入%d 月的工资",i+1);
           scanf("%d",&month[i]);
        }
    for(p=month;p<month+12;p++)
    {
        salary =*p+salary;
    }
    printf("员工的总工资为%d\n",salary);
}
```

典型案例 2 的运行结果如图 7-6 所示。

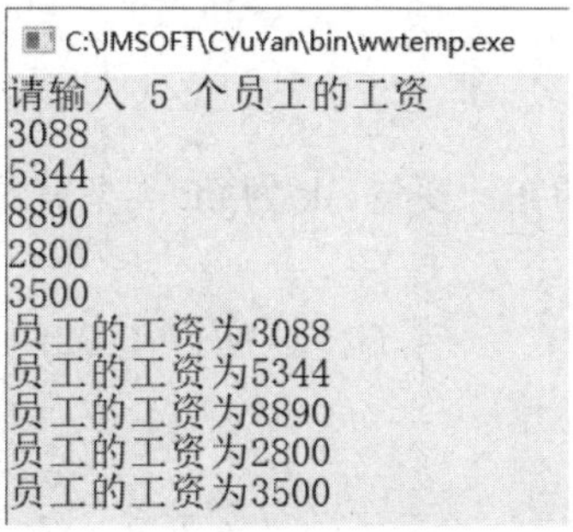

图 7-5   典型案例 1 的运行结果

图 7-6   典型案例 2 的运行结果

7.2.4 任务分析与实践

代码如下：

```
#include "stdio.h"
void main()
{
    int Sale[12]={10,12,15,14,16,8,7,14,16,17,11,12},*p;
    printf("请输出 1～12 月的汽车销售量: ");
    for(p=Sale;p<(Sale+12);p++)
    {
        printf("%d ",*p);
    }

}
```

7.2.5 巩固练习

一、选择题

1. 已知有以下定义，且 0≤i<10，对数组元素错误引用的是（   ）。

```
int a[10]={1,2,3,4,5,6,7,8,9,10},*p,i;
p=a;
```

    A. *(a+i)　　　　B. a[p-a]　　　　C. p+i　　　　　D. *(&a[i])

2. 已知有如下定义，以下说法中正确的是（   ）。

```
char *a[2]={ "abcd","ABCD"};
```

    A. 数组 a 的元素值分别为"abcd"和"ABCD"

    B. a 是指针变量，它指向含有两个数组元素的字符型数组

    C. 数组 a 的两个元素分别存放的是含有 4 个字符的一维数组的首地址

    D. 数组 a 的两个元素中各自存放了字符'a'、'A'的地址

3. 已知有以下定义：

```
int a[10]={1,2,3,4,5,6,7,8,9,10} ,*p=a;
```

数值为 6 的表达式是（   ）。

    A. *p+6　　　　B. *(p+6)　　　　C. *(p+5)　　　　D. p+5

4. 假设 P1 和 P2 是指向同一个 int 类型一维数组的指针变量，k 为 int 类型变量，则不能正确执行的语句是（   ）。

    A. k=*P1+*P2　　B. p2=k　　　　C. P1=P2　　　　D. k=*P1 * (*P2)

5. 已知有如下定义：

```
int a[10]={1,2,3,4,5,6,7,8,9,10},*p=a;
```

数值为 9 的表达式是（   ）。

    A. *p+9　　　　B. *（p+8）　　　　C. *p+=9　　　　D. p+8

6. 下面程序的功能是输出数组中的最大值，由 s 指针指向该元素。

```
void main()
{ int a[10]={6,7,2,9,1,10,5,8,4,3,},*p,*s;
  for (p=a, s=a;  p-a<10;  p++)
  if(        )s=p;
  printf("The max: %d", *s);
}
```

if 语句中的判断表达式应该是（　　）。

  A. p>s   B. *p>*s   C. a[p]>a[s] D. p-a>p-s

7. 已知有以下定义：

```
int a[10]={1 ,2 ,3 ,4 ,5 ,6 ,7 ,8 ,9 ,10} ,*p=a;
```

不能表示 a 数组元素的表达式是（　　）。

  A. *p   B. a[10]   C. *a   D. a[p-a]

8. 已知有以下定义：

```
int a[ ]={1 ,2 ,3 ,4 ,5 ,6 ,7 ,8 ,9 ,10} ,*p=a;
```

值为 3 的表达式是（　　）。

  A. p+=2,*（p++）   B. p+=2,*++p

  C. p+=3,*p++   D. p+=2,++*p

9. 下面程序的运行结果是（　　）。

```
void main( )
{ int a[5]={2,4,6,8,10},*p,* *k;
  p=a; k=&p;
  printf("%d",*(p++));
  printf("%d\n",* *k);
}
```

任务 7.3　某车企多项数据显示（将指针作为函数参数）

7.3.1　任务目标

已知某品牌 4S 店 1～12 月的汽车销售量分别为 10、12、15、14、16、8、7、14、16、17、11、12，输出 1～12 月的汽车销售量（销售量单位为辆）。

7.3.2　知识储备

1. 数组名可以用作函数的实参和形参

例如：

```
#include <stdio.h>
```

```
sort(int array[ ])
{
    …
}
void main( )
{
    int score[10];
    …
    sort(score);
    …
}
```

将数组名作为参数时，如果形参数组中各元素的值发生变化，则实参数组元素的值也随之变化。因为实参数组与形参数组共占同一段内存单元。

2. 动态存储方式与静态存储方式

静态存储方式：程序运行期间分配固定的存储空间。

动态存储方式：程序运行期间根据需要进行动态分配存储空间的方式。

3. 局部变量与全局变量

程序中变量的使用范围不同：作用域（scope）就是变量的有效范围。变量的作用域取决于变量的访问性。

（1）局部变量。

函数内部的变量称为"局部变量"（local variable），其作用域仅限于函数内部，离开该函数后就是无效的，再使用系统就会报错。

- 主函数中定义的变量也只能在主函数中使用，不能在其他函数中使用。
- 允许在不同的函数中使用相同的变量名，它们代表不同变量，分配不同的存储单元，互不相干，不会发生混淆。
- 形参变量：在函数体内定义的变量都是局部变量。实参给形参传值的过程也就是给局部变量赋值的过程。

（2）全局变量。

在所有函数外部定义的变量称为"全局变量"（global variable），它的作用域默认是整个程序，也就是所有的源文件，包括 .c 文件和 .h 文件。它的作用域是从声明时刻开始到程序结束。

- 全局变量定义必须在所有函数之外。
- 全局变量可加强函数模块之间的数据联系，但是函数又依赖这些变量，降低函数的独立性。
- 在同一个源文件中，允许全局变量和局部变量同名，在局部变量作用域内，同名的全局变量不起作用。

示例 3：全局变量与局部变量的应用。

```
#include"stdio.h"
int sum1=0;                    //全局变量
```

```
void addNumbers(int num1,int num2)
{
int sum=0;                    //局部变量
sum=sum+num1+num2;
sum1=sum1+num1+num2;
printf("\n 两数之和子函数 sum= 的值是 %d \n ",sum);
printf("\n 两数之和子函数 sum1= 的值是 %d \n ",sum1);
}
void main()
{
int sum=0;                    //局部变量
int num1,num2;                //局部变量
printf("\n 请输入两个数： ");
scanf("%d %d",&num1,&num2);
addNumbers(num1,num2);
addNumbers(num1,num2);
printf("\n 两数之和主函数 sum= 的值是 %d \n ",sum);
}
```

示例 3 的运行结果如图 7-7 所示。

通过上述示例发现，定义了全局变量的 sum1 的第二次值为 20，局部变量的值没有改变。

7.3.3　典型案例

典型案例 1：从键盘上输入某客车集团 5 个员工的工资，并将其输出。

代码如下：

```
C:\JMSOFT\CYuYan\bin\wwtemp.exe

请输入两个数:4 6

两数之和子函数 sum= 的值是 10

两数之和子函数 sum1= 的值是 10

两数之和子函数 sum= 的值是 10

两数之和子函数 sum1= 的值是 20

两数之和主函数 sum= 的值是 0
```

图 7-7　示例 3 的运行结果

```
#include "stdio.h"
void scanfEmployees(int Employees[],int n)
{ int *p,i;
  for(p=Employees,i=1;p<(Employees+n);p++,i++)
  {
     printf("请输入第%d 个人的工资： ",i);
     scanf("%d",p);
  }
}
void printf Employees(int Employees[],int n)
{  int *p;
   printf("\n%d 个员工的工资分别为:",n);
   for(p=Employees;p<(Employees+n);p++)
   {
     printf("%d ",*p);
   }
}
void main()
```

```
{
    int Employees[5],i=1;
    scanf Employees(Employees,5);
    printf Employees(Employees,5);
}
```

典型案例 1 的运行结果如图 7-8 所示。

典型案例 2：从键盘上输入一个员工 1~12 月的工资，求和并输出。

代码如下：

```
#include "stdio.h"
void scanf Employees(int Sale[],int n);
void printf Employees(int Sale[],int n);
void sum Employees(int Sale[],int n);
int *p,i;
void main()
{
    int Sale[12];
    scanf Employees(Sale,12);
    sum Employees(Sale,12);
    printf Employees(Sale,12);
}
void scanf(int Sale[],int n)
{
    for(p=Sale,i=1;p<(Sale+n);p++,i++)
    {
        printf("请输入%d月的工资：",i);
        scanf("%d",p);
    }
}
void sum Employees(int Sale[],int n)
{   int sum=0;
    for(p=Sale;p<(Sale+n);p++)
    {
        sum=sum+*p;
    }
    printf("12个月的工资总和为：%d\n",sum);
}
void printf Employees(int Sale[],int n)
{
    printf("\n12个月的工资分别为:");
    for(p=Sale;p<(Sale+n);p++)
    {
        printf("%d ",*p);
    }
}
```

典型案例 2 的运行结果如图 7-9 所示。

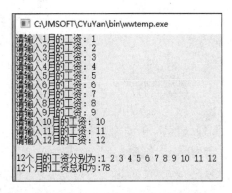

图 7-8　典型案例 1 的运行结果　　　图 7-9　典型案例 2 的运行结果

7.3.4　任务分析与实践

代码如下：

```c
#include "stdio.h"
void print12(int sale[],int n)
{   int *s;
    printf("1～12 月的汽车销售量为:");
    for(s=sale;s<(sale+n);s++)
    {
        printf("%d ",*s);
    }

}
void main()
{
    int sale[12]={10,12,15,14,16,8,7,14,16,17,11,12},*s;
    print12(sale,12);

}
```

7.3.5　巩固练习

一、选择题

1. 已知有定义 int a[2][3],*p=a;，以下能表示数组元素 a[1][2]地址的是（　　　）。

　　A．*(a[1]+2)　　　　　　　　B．a[1][2]

　　C．p[5]　　　　　　　　　　　D．p+5

2. 已知有定义 int a=5,*p; 且 p=&a;，以下表示不正确的是（　　　）。

　　A．&a==&(*p)　　　　　　　　B．*(&p)==a

　　C．&(*p)==p　　　　　　　　　D．*(&a)==a

3. 假设有以下程序段，则叙述正确的是（　　）。

```
char s[]="computer";
char *p; p=s;
```

    A. s 和 p 完全相同

    B. 数组 s 的长度和 p 所指向的字符串长度相等

    C. *p 与 s[0]相等

    D. 数组 s 中的内容和指针变量 p 中的内容相等

4. 假设有以下程序段，则不能正确访问数组元素 a[1][2]的是（　　）。

```
int (*p)[3];
int a[][3]={1,2,3,4,5,6,7,8,9};
p = a;
```

    A. p[1]+2　　　　B. p[1][2]　　　　C. (*(p+1))[2]　　D. *(*(a+1)+2)

5. 以下程序段的运行结果是（　　）。

```
int a[]={1,2,3,4,5,6,7},*p=a;
int n,sum=0;
for(n=1;n<6;n++) sum+=p[n++];
printf("%d",sum);
```

    A. 12　　　　　　B. 15　　　　　　C. 16　　　　　　D. 27

6. 以下程序段运行后变量 s 的值为（　　）。

```
int a[]={1,2,3,4,5,6,7};
int i,s=1,*p;
p=&a[3];
for(i=0;i<3;i++)
  s*=*(p+i);
```

    A. 6　　　　　　B. 60　　　　　　C. 120　　　　　D. 210

7. 以下程序段运行后变量 ans 的值为（　　）。

```
int a[]={1,2,3},b[]={3,2,1};
int *p=a,*q=b;
int k,ans=0;
for(k=0;k<3;k++)
        if(*(p+k)==*(q+k))
    ans=ans+*(p+k)*2;
```

    A. 2　　　　　　B. 4　　　　　　C. 6　　　　　　D. 12

二、填空题

1. 已知有 int a[5]={100, 200,300, 400, 500}, *p1=&a[0]，表达式(*p1)++的值为_____。

2. 已知有定义 char *str[ ]={"Follow me", "BASIC", "Great Wall", "Department"}，输出"BASIC"字符串的语句是_____。

3．执行 int a[5]={25,14,27,18},*p=a；(*p)++;语句后，*p 的值为 26，再执行*p++;语句后，* p 的值为_____。

同步训练

一、选择题

1．已知有 char *s="\t\\Name\\Address\n"，指针 s 所指字符串的长度为（　　）。

   A．说明不合法　　　　　　　　　B．19

   C．18　　　　　　　　　　　　　　D．15

2．分析下面函数，以下说法正确的是（　　）。

```
swap(int *p1,int *p2)
{ int *p;
  *p=*p1; *p1=*p2; *p2=*p;
}
```

   A．交换*p1 和*p2 的值　　　　　　B．正确，但无法改变*p1 和*p2 的值

   C．交换*p1 和*p2 的地址　　　　　D．可能造成系统故障，因为使用了空指针

3．已知有定义 int (*ptr)[M]，其中 ptr 是（　　）。

   A．M 个指向整型变量的指针

   B．指向 M 个整型变量的函数指针

   C．一个指向具有 M 个整型元素的一维数组的指针

   D．具有 M 个指针元素的一维指针数组，每个元素都只能指向整型变量

4．在 int *f(); 语句中，标识符代表（　　）。

   A．一个用于指向整型数据的指针变量

   B．一个用于指向一维数组的指针

   C．一个用于指向函数的指针变量

   D．一个返回值为指针型的函数名

5．已知有定义 int x ,*pb; ，以下赋值表达式正确的是（　　）。

   A．pb=&x;　　　　　　　　　　　B．pb=x;

   C．*pb=&x;　　　　　　　　　　　D．*pb=*x;

6．已知有如下程序段：

```
int *p ,a=10 ,b=1 ;
p=&a ; a=*p+b ;
```

执行该程序段后，a 的值为（　　）。

   A．12　　　　　　B．11　　　　　　C．10　　　　　　D．编译出错

7．如果有以下定义：

```
double r=99 ,*p=&r ;
*p=r ;
```

则以下叙述正确的是（　　　）。

    A．以上两处*p 的含义相同，都表示给指针变量 p 赋值

    B．double r=99,*p=&r;语句用于把 r 的地址赋值给 p 所指的存储单元

    C．*p=r;语句用于把变量 r 的值赋给指针变量 p

    D．*p=r;语句用于取变量 r 的值放回 r 中

8．对于类型相同的两个指针变量，不能进行的运算是（　　　）。

    A．<　　　　　　　　B．=　　　　　　　　C．+　　　　　　　　D．-

9．已定义 int a[9],*p=a;语句，并在以后的语句中未改变 p 的值，不能表示 a[1] 地址的是（　　　）。

    A．p+1　　　　　　B．a+1　　　　　　C．a++　　　　　　D．++p

10．已知有如下程序段：

```
char str[ ]="Hello" ;
char *ptr ;
ptr=str ;
```

执行该程序段后，*(ptr+5)的值为（　　　）。

    A．'o'　　　　　　B．'\0'　　　　　　C．不确定　　　　　D．'o'的地址

11．下面各语句行中，能正确进行字符串赋值操作的语句是（　　　）。

    A．char ST[5]={"ABCDE"};　　　　　　B．char S[5]={'A','B','C','D','E'};

    C．char *S; S="ABCDE";　　　　　　　D．char *S; scanf("%S",S);

12．已有函数 max(a,b)，为了让函数指针变量 p 指向 max()函数，以下赋值方法正确的是（　　　）。

    A．p=max;　　　　　　　　　　　B．*p=max;

    C．p=max(a,b);　　　　　　　　　D．*p=max(a,b);

13．已定义 int i, j=2,*p=&i;语句，以下能完成 i=j 赋值功能的语句是（　　　）。

    A．i=*p;　　　　　　　　　　　B．*p=*&j;

    C．i=&j;　　　　　　　　　　　D．i=**p;

14．以下程序段运行后，表达式*(p+4)的值为（　　　）。

```
char a[]="china";
char *p;
p=a;
```

    A．'n'　　　　　　　　　　　　B．'a'

    C．存放'n'的地址　　　　　　　D．存放'a'的地址

15．以下程序段运行后，表达式*(p++)的值为（　　　）。

```
char a[5]="work";
char *p=a;
```

    A．'w'　　　　　　　　　　　　B．存放'w'的地址

    C．'o'　　　　　　　　　　　　D．存放'o'的地址

二、填空题

1. 下面程序的运行结果为_____。

```c
#include <stdio.h>
void main()
{  int *p1,*p2,*p;
   int a=5,b=8;
   p1=&a;  p2=&b;
   if(a<b) { p=p1; p1=p2; p2=p; }
   printf("%d,%d\n",*p1,*p2);
   printf("%d,%d\n",a,b);
}
```

2. 下面程序的运行结果为_____。

```c
void ast(int x,int y,int *cp,int *dp)
{  *cp=x+y;  *dp=x-y; }
void main()
{  int a,b,c,d;
   a=4;  b=3;
   ast(a,b,&c,&d);
   printf("%d,%d\n",c,d);
}
```

3. 下面程序的运行结果为_____。

```c
void main()
{  int a[]={2,4,6,8,10};
   int y=1,x,*p;
   p=&a[1];
   for(x=0;x<3;x++)   y+=*(p+x);
   printf("y=%d\n",y);
}
```

4. 下面程序的运行结果为_____。

```c
void main()
{  char s[]="ABCD",*p;
   for(p=s+1;p<s+4;p++)
      printf("%s\n",p);
}
```

5. 在数组中同时查找最大元素下标和最小元素下标，分别存放在 main()主函数的变量 max 和 min 中。

```c
#include <stdio.h>
void find(int *a,int *max,int *min,int n)
{  int i;
   *max=0;
   *min=0;
```

```
   for(i=1;i<n;i++)
      if(a[i]>a[*max])_____;
      else if(a[i]<a[*min])_____;
   return;
}
main()
{ int a[]={5,8,7,6,2,7,3};
  int max,min;
  find_____;
  printf("%d,%d\n",max,min);
}
```

三、编程题

1. 编写程序，输入 a、b 两个整数，按从大到小的顺序排列并输出（使用函数处理，且用指针类型的数据作为函数参数）。

2. 编写程序，对 10 个学生的成绩按从高到低的顺序排列并输出（使用函数，且用实参数组和形参数组实现）。

08 项目 8
汽车数据显示（结构体）

学习目标

知识目标

- 理解结构体的定义。
- 理解结构体变量的定义、引用、初始化。
- 理解结构体数组的定义、引用、初始化。
- 理解指向结构体变量的指针、结构体数组的指针的使用。

能力目标

- 能灵活运用结构体类型。
- 能灵活运用结构体变量解决实际问题。
- 能灵活运用结构体数组解决实际问题。

情景设置

通信协议定义了数据交换的标准，新能源电动汽车数据通信协议与数据格式具有相应的行业和国家标准，实现这一标准需要定义大量结构体。

任务 8.1　一辆汽车的数据显示（结构体变量）

8.1.1　任务目标

从键盘上输入一辆货车的信息，包含车牌号、车辆识别码、载重吨数，并输出这些信息。

程序运行结果如图 8-1 所示。

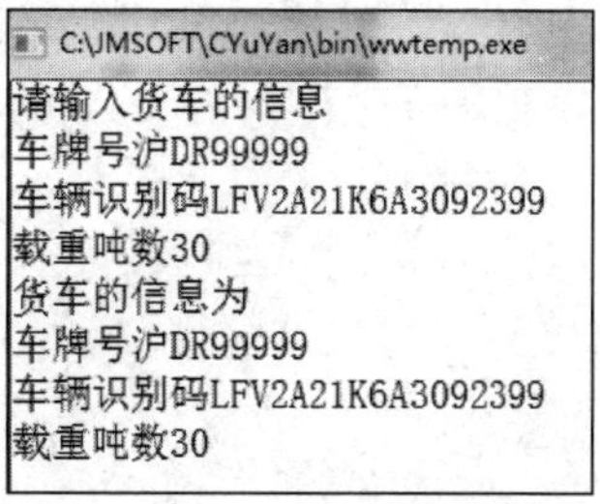
```
C:\JMSOFT\CYuYan\bin\wwtemp.exe
请输入货车的信息
车牌号沪DR99999
车辆识别码LFV2A21K6A3092399
载重吨数30
货车的信息为
车牌号沪DR99999
车辆识别码LFV2A21K6A3092399
载重吨数30
```

图 8-1　程序运行结果

8.1.2　知识储备

通过前文，我们学习了变量、数组、字符串等类型，但是用户不能利用这几个类型解决所有的问题。当遇到的数据需要包含多种不同的类型时，如整型、实型、字符型等，C 语言允许用户建立由不同类型数据组成的组合型数据结构，它被称为"结构体"。

1. 结构体类型的定义

结构体是一种数据类型，它将互相联系的不同类型的数据组成了一个整体。

定义结构体类型的语法格式为：

```
struct 结构体类型名
{
    数据类型 成员名 1;
    数据类型 成员名 2;
    …
    数据类型 成员 n;
};
```

结构体类型和基本类型的区别如下。

（1）结构体类型定义中的每一个成员项，表示该结构体的分量（又被称为"域"）。

（2）基本数据类型（如 double、int、char 等）是一个具体的数据类型，一旦定义后，说明的变量就分配了固定的字节，按指定的形式存放。而"结构体类型"只是一个抽象的数据类型，它只表示"由若干个不同数据类型的数据项组成的复合类型"，并且由哪些成员项组成，占多少字节等信息。

（3）与基本数据类型不同，系统没有预先定义结构体类型，凡是需要使用结构体类型数据的，都必须在程序中先定义后使用。

示例 1：定义一个结构体为 birthday，成员包含年、月、日。

```
struct birthday
{
    int  year;
    int  month;
    int  day;
};
```

示例 2：定义一个结构体为 student，成员包含学号、姓名、性别、年龄、家庭住址、身高、体重。

```
struct student
{
    int    stuId;
    int    name;
    char   sex[3];
    int    age;
    char   address[30];
    double hight;
    double  weight;
};
```

示例 3：定义一个结构体为 student，成员包含学号、姓名、性别、出生年月（结构体包含年、月、日）、家庭住址。

```
struct birthday
{
  int  year;
  int  month;
  int  day;
};
struct student
{
  int  stuId;
  int  name;
  char  sex[3];
  struct birthday bir;
  char address[30];
};
```

2. 结构体类型变量的定义

定义结构体类型变量主要有以下 3 种方法。

方法一：先进行结构体类型的定义，再进行结构体变量的定义。

示例 4：定义两个学生的结构体变量。

```
struct student
{
  int  stuId;
  char  name[9];
  char  sex[3];
  int   age;
  char address[30];
  double hight;
  double  weight;
};
student stu1,stu2;
```

方法二：在定义结构体类型的同时定义结构体变量。

其语法格式为：

```
struct  结构体类型名
{
  数据类型  成员名1;
  数据类型  成员名2;
  …
  数据类型   成员名n;
}结构体变量名列表;
```

示例 5：定义两个学生的结构体变量。

```
struct student
```

```
{
  int  stuId;
  char name[9];
  char  sex[3];
  int   age;
  char address[30];
  double hight;
  double  weight;
}stu1,stu2;
```

方法三：直接定义结构体类型变量。

其语法格式为：

```
struct
{
  数据类型   成员名1;
  数据类型   成员名2;
  …
  数据类型   成员名n;
}结构体变量名列表
```

示例6：定义两个学生的结构体变量。

```
struct
{
  int  stuId;
  char   name[8];
  char  sex[3];
  int   age;
  char address[30];
  double hight;
  double  weight;
}stu1,stu2;
```

注意：方法三与方法二相比，只是省略了结构体类型名 student，因此就不能再定义其他变量的类型。

3. 结构体类型变量的初始化

方法一：

```
struct birthday
{
  int  year;
  int  month;
  int  day;
};
struct stu1={1990,12,5};
```

方法二：

```
struct birthday
{
  int  year;
  int  month;
  int  day;
}stu1={1990,12,5};
```

4. 结构体类型变量的引用

给结构体赋值有以下 3 种方法。

方法一：当定义结构体时，直接赋值。

```
#include "stdio.h"
struct birthday
{
    int year;
    int month;
    int day;
}stu1={2019,11,20};
void main()
{
    printf("出生年为%d,月为%d,日为%d",stu1.year,stu1.month,stu1.day);}
```

方法二：先定义结构体，再赋值。

```
#include "stdio.h"
struct birthday
{
    int year;
    int month;
    int day;
};
void main()
{   struct birthday stu1={2019,11,20};
    printf("出生年为%d,月为%d,日为%d",stu1.year,stu1.month,stu1.day);
}
```

方法三：从键盘上输入值。

```
#include "stdio.h"
struct birthday
{
    int year;
    int month;
    int day;
};
void main()
{   struct birthday stu1;
```

```
printf("请输入出生的年");
scanf("%d",&stu1.year);
printf("请输入出生的月");
scanf("%d",&stu1.month);
printf("请输入出生的日");
scanf("%d",&stu1.day);
printf("出生年为%d,月为%d,日为%d",stu1.year,stu1.month,stu1.day);
}
```

方法三的运行结果如图 8-2 所示。

注意：（1）不能将一个结构体作为一个整体进行输入和输出。

（2）如果成员本身又属于一个结构体类型，则要用若干个成员运算符。

图 8-2 方法三的运行结果

8.1.3 典型案例

典型案例 1：定义一个结构体，名称为发动机（DATA_ENGINE），包含 3 个成员，发动机状态（Engine_Status）=0、曲轴转速（Crankshaft_Speed）=1500r/min、燃料消耗率（Fuel_Consumption_Rate）=10L，输出发动机的各项数据。

代码如下：

```
#include "stdio.h"
struct DATA_ENGINE
{ char Engine_Status;
  int Crankshaft_Speed;
  double Fuel_Consumption_Rate;
};
void main()
{  struct DATA_ENGINE DATA_ENGINE01={'0',1500,10.5};
   printf("发动机的状态为\n");
   printf("状态%c,曲轴转速%d,燃料消耗率%lf",DATA_ENGINE01.Engine_Status,
DATA_ENGINE01.Crankshaft_Speed,DATA_ENGINE01.Fuel_Consumption_Rate);
}
```

典型案例 1 的运行结果如图 8-3 所示。

典型案例 2：定义一个结构体，名称为车辆位置（Data_Location），包含 3 个成员，定位状态（GPS_Status）、经度（Longitude）、纬度（Latitude）。从键盘上输入 1 辆汽车的位置信息，并输出。

代码如下：

```
#include "stdio.h"
struct Data_Location{
    char GPS_Status;
    int Longitude;
    int Latitude;
```

```
};
void main()
{
    struct Data_Location Data_Location1={'0',150,52};
    printf(" 车 辆 位 置 为 %c, 经 度 为 %d, 纬 度 为 %d",Data_Location1.GPS_Status,
Data_Location1.Longitude,Data_Location1.Latitude);
}
```

典型案例 2 的运行结果如图 8-4 所示。

C:\JMSOFT\CYuYan\bin\wwtemp.exe
发动机的状态为
状态0, 曲轴转速1500, 燃料消耗率10.500000

C:\JMSOFT\CYuYan\bin\wwtemp.exe
车辆位置为0，经度为150，纬度为52

图 8-3 典型案例 1 的运行结果    图 8-4 典型案例 2 的运行结果

8.1.4 任务分析与实践

算法分析如下。

（1）分析定义一个结构体（Truct），包含成员为车牌号（Plate_Number）、车辆识别码
（VIN）、载重吨数（Load）。

（2）定义结构体变量。

（3）分别输入成员信息。

（4）输出货车信息。

代码如下：

```
#include"stdio.h"
struct Truct
{ char Plate_Number[12];
  char VIN[18];
  int  Load;
};
#include"stdio.h"
void main()
{
    struct Truct info;
    printf("请输入货车的信息\n");
    printf("车牌号");
    scanf("%s",info.Plate_Number);
    printf("车辆识别码");
    scanf("%s",info.VIN);
    printf("载重吨数");
    scanf("%d",&info.Load);
    printf("货车的信息为\n");
    printf("车牌号%s\n",info.Plate_Number);
    printf("车辆识别码%s\n",info.VIN);
    printf("载重吨数%d\n",info.Load);
}
```

8.1.5 巩固练习

一、选择题

1. 下面结构体变量名的定义正确的是（   ）。

    A. _ab1   B. 1ab   C. 1_as   D. *44ss

2. 下列说法正确的是（   ）。

```
struct  birthday
    {
        int year;
        int month;
        int day;
};
```

    A. struct   birthday 是新创建的结构体类型，但它不是类型名。

    B. birthday 是结构体变量名。

    C. year、month、day 都是成员名，它们的成员类型都是 int。

    D. 结构体名和成员名的命名规则不一定遵循 C 语言标识符的命名规则。

3. 以下选项正确的是（   ）。

```
struct  student
    {
        int number;
        char name[9];
        char sex[3];
        int hight;
        int weight;
        struct birthday  date_of_birth ;
        char phone[12];
        char address[30];
    }_____;
```

    A. stu1   B. stu   C. stu3   D. stu1,stu2,stu3

4. 以下选项正确的是（   ）。

```
_____birthday
    {
        int year;
        int month;
        int day;
    };
```

    A. struct   B. strucv   C. strcde   D. stract

5. 下列说法错误的是（   ）。

```
struct student
{int num;
char name[20];
```

```
int score;};
```

    A．struct 是结构体关键字

    B．student 是结构体的类型名

    C．num、name、score 是结构体的成员，它们不能是不同类型

    D．struct、student 都是结构体关键字

6．已知有以下结构体变量，其语句输出正确的是（　　　）。

```
struct
{
    int num;
    char name[8];
    char sex[3];
    int score;
}A,Lucy;
```

    A．printf("%d, %d\n", A);

    B．scanf("%d, %d\n",& A);

    C．.printf("%d, %d\n", A．num, A．score);

    D．scanf("%d, %d\n", Lucy.num, &Lucy.sex);

7．在定义完结构体后需要添加（　　　）。

    A．;　　　　　　　　B．"　　　　　　　　C．""　　　　　　　　D．}

二、编程题

1．定义一个结构体，成员包含职工号、姓名、性别、年龄、工资、地址。按结构体类型输入一个职工的信息并输出。

2．定义一个结构体类型来表示日期，日期包含年、月、日。将该结构体添加到上一题所定义的结构体中，输入一个职工的信息并输出。

任务 8.2　多辆汽车的数据显示（结构体数组）

8.2.1　任务目标

从键盘上输入 3 辆货车的信息，包含车牌号、车辆识别码、载重吨数，并输出。

程序运行结果如图 8-5 所示。

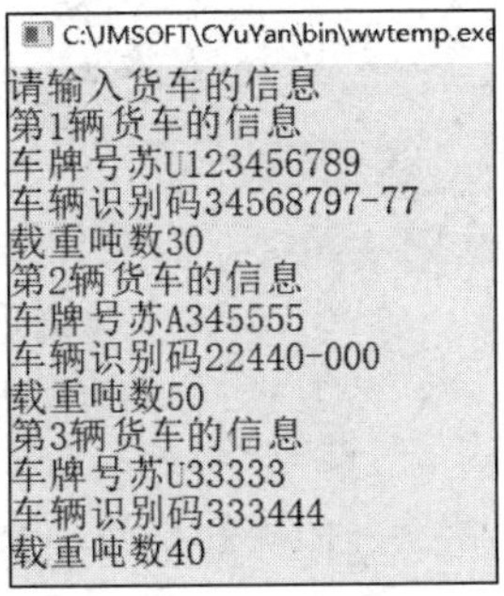

8.2.2　知识储备

当需要的同类型的结构体变量为两个及以上时，C 语言可以引入结构体数组。

结构体数组在实际定义时，可以采用以下 3 种方法。

图 8-5　程序运行结果

方法一：先定义结构体类型，再定义结构体数组。

其语法格式为：

```
struct   结构体名
{
    成员类型 成员名1;
    成员类型 成员名2;
    成员类型 成员名3;
    …
    成员类型 成员名n;
};
struct 结构体名 数组[];
```

例如：

```
struct   student
{
    int number;
    char name[9];
    char sex[3];
};
struct student stu[5];        //定义结构体数组
```

方法二：定义结构体类型的同时定义结构体数组。

例如：

```
struct   student
{
    int number;
    char name[9];
    char sex[3];
}stu[10];
```

方法三：定义无名结构体类型的同时定义结构体数组。

例如：

```
struct
{
    int number;
    char name[9];
    char sex[3];
    int hight;
    int weight;
    struct birthday date_of_birth;
    char phone[12];
    char address[30];
}stu[10];
```

结构体数组中的各元素在内存中也是连续存放的，如图 8-6 所示。

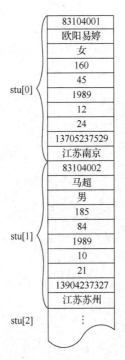

图 8-6 结构体数组各元素在内存中的存储情况

8.2.3 典型案例

典型案例 1：定义一个结构体，名称为发动机（DATA_ENGINE），包含 3 个成员，发动机状态（Engine_Status）=0、曲轴转速（Crankshaft_Speed）=1500r/min、燃料消耗率（Fuel_Consumption_Rate）=10L，输出 3 辆汽车发动机的各项数据。

代码如下：

```c
#include "stdio.h"
struct DATA_ENGINE
{
    char Engine_Status;
    int Crankshaft_Speed;
    double Fuel_Consumption_Rate;
}DATA_ENGINE[3];
void main()
{
    struct  DATA_ENGINE DATA_ENGINE[3]={{'0', 1500,150},{'1', 1800,200},
{'2', 1200,225}};
    int i;
    for(i=0;i<3;i++)
    printf("发动机状态为%c\n 曲轴转速为%d, 燃料消耗率为%lf\n",DATA_ENGINE[i].
Engine_Status,DATA_ENGINE[i].Crankshaft_Speed,DATA_ENGINE[i].Fuel_Consumptio
n_Rate);
    }
```

典型案例 1 的运行结果如图 8-7 所示。

典型案例 2：定义一个结构体，名称为车辆位置（Data_Location），包含 3 个成员，定位状态（GPS_Status）、经度（Longitude）、纬度（Latitude）、从键盘上输入 3 辆汽车位置的信息，并输出。

代码如下：

```
#include "stdio.h"
struct Data_Location{
    char GPS_Status;
    int Longitude;
    int Latitude;
}Data_Location[3];
void main()
{
    struct Data_Location  Data_Location[3];
    int i;
    for(i=0;i<3;i++)
    { printf("请输入车辆状态、经度、纬度信息\n");
    scanf(" %c,%d,%d",&Data_Location[i].GPS_Status,&Data_Location[i].Longitude,&Data_Location[i].Latitude);}
    for(i=0;i<3;i++)
    printf("车辆状态为%c，经度为%d，纬度为%d\n",Data_Location[i].GPS_Status,Data_Location[i].Longitude,Data_Location[i].Latitude);
}
```

典型案例 2 的运行结果如图 8-8 所示。

图 8-7   典型案例 1 的运行结果   图 8-8   典型案例 2 的运行结果

8.2.4   任务目标与实现

代码如下：

```
#include"stdio.h"
struct Truct
{ char Plate_Number[12];
  char VIN[18];
  int  Load;
}Truct[3];
void main()
{  struct Truct  Truct[3];
    int i;
   printf("请输入货车的信息\n");
   for(i=0;i<3;i++)
```

```
{ printf("第%d 辆货车的信息\n",i+1);
  printf("车牌号");
  scanf("%s",Truct[i].Plate_Number);
  printf("车辆识别码");
  scanf("%s",Truct[i].VIN);
  printf("载重吨数");
  scanf("%d",&Truct[i].Load);
}
  printf("第%d 辆货车的信息\n");
  for(i=0;i<3;i++)
{ printf("车牌号%s\n",Truct[i].Plate_Number);
  printf("车辆识别码%s\n",Truct[i].VIN);
  printf("载重吨数%d\n",Truct[i].Load);
}
}
```

8.2.5　巩固练习

一、选择题

1. 以下各选项用于说明一种新的类型名，其中正确的是（　　）。

  A．typedef v1 int;   B．typedef v2=int;

  C．typedef int v3;   D．typedef v4: int;

2. 以下变量 a 占用的内存字节数是（　　）（假设 int 类型为 4 字节）。

```
struct stu
{ char name[20];
  long int n;
  int score[4];
} a ;
```

  A. 28   B. 30   C. 32   D. 46 C

3. 以下程序的输出结果是（　　）。

```
struct abc
{int a,b,c;};
main()
 t=s[0].a+s[1].b;
 printf("%d\n",t);
}
```

  A. 5   B. 6   C. 7   D. 8

4. 已知有以下定义：

```
struct person{ char name[9]; int age;};
struct person calss[4]={ "Johu",17,
                         "Paul",19,
                         "Mary",18,
                         "Adam",16,};
```

根据以上定义，能输出字母 M 的语句是（　　　）。

A．printf("%c\n",class[3].name);　　　B．.printf("%c\n",class[3].name[1]);

C．printf("%c\n",class[2].name[1]);　　D．printf("%c\n",class[2].name[0]);

5．假设有以下结构类型说明和变量定义，则变量 a 在内存中所占字节数是（　　　）。

```
struct stud
{   char num[6];
    int s[4];
    double ave;
    } a;
```

A．22　　　　　　　B．18　　　　　　　C．14　　　　　　　D．28

6．已知有以下定义：

```
struct ex
{ int x ;
  float y;
  char z ;
} example;
```

下面叙述不正确的是（　　　）。

A．struct ex 是结构体类型　　　　　B．example 是结构体类型名

C．x、y、z 都是结构体成员名　　　　D．struct 是结构体类型的关键字

二、填空题

使用 struct student 结构体类型存储 10 个学生的信息，请填空。

```
#include <stdio.h>
struct _____
 {
     int year;
     int month;
     int day;
 };

_____
 {
     int number;
     char name[9];
     char sex[3];
     int hight;
     int weight;
     struct birthday  date_of_birth ;
     char phone[12];
     char address[30];
 };
void main( )
{
    struct student _____ =
```

```
        {{83104001,"欧阳易婷","女",160,45,1989,12,24,"13705237529","江苏南京"},
         {83104002,"马超","男",185,84,1989,10,21,"13904237327","江苏苏州"},
         {83104003,"余金英","女",164,52,1989,9,20,"13223608229","江苏南京"},
         {83104004,"江晓芸","女",160,50,1989,10,3,"13851556480","江苏淮安"},
         {83104005,"马静静","女",160,46,1989,8,24,"13942305828","江苏淮安"},
         {83104006,"梁金飚","男",175,80,1989,7,2,"15243480232","江苏南京"},
         {83104007,"蒋叶芳","女",158,45,1989,11,5,"13125248613","江苏南京"},
         {83104008,"胡芳","女",159,45,1989,12,23,"15842377493","江苏扬州"},
         {83104009,"孙维平","男",175,70,1989,10,15,"13641407668","江苏扬州"},
         {83104010,"钱多多","男",170,65,1989,9,26,"13908237227","江苏扬州"}};
        printf("--------------------------------------------------
---------\n");
        printf(" 学号\t   姓名   性别 身高 体重  出生日期      电话\t   住址\n");
          printf("--------------------------------------------------
-----------\n");
        int i;

        for(i=0;_____;i++)
          {
            printf("%d %-8s  %s   %d  %d  %d.%2d.%2d  %s  %s\n",
            stu[i].number,stu[i].name,stu[i].sex,stu[i].hight,stu[i].weight,
            stu[i].date_of_birth.year,stu[i].date_of_birth.month,stu[i].
date_of_birth.day,
            stu[i].phone,stu[i].address);
            printf("--------------------------------------------------
----------------\n");
          }
      }
```

三、编程题

先定义一个描述学生基本信息的结构，成员包含姓名、学号、籍贯、身份证号、年龄、家庭住址、性别、联系方式等，再定义一个结构体数组。

（1）编写 input()函数，输入学生的基本信息（3～5 条记录）。

（2）编写 printf()函数，输出所有学生信息。

（3）编写 search()函数，检索一个指定的学生信息并返回，使用 main()主函数输出到屏幕上。

需要注意的是，在访问结构时，运算符前面是结构体变量时用 "."，运算符前面是指向结构体变量的指针时用 "->"。

任务 8.3　多辆汽车数据的间接显示（结构体指针）

8.3.1　任务目标

从键盘上输入 3 辆货车的信息，包含车牌号、车辆识别码、载重吨数，并输出。

8.3.2 知识储备

一个结构体变量的指针就是该变量所占据的内存段的起始地址。如果一个指针变量用来指向一个结构体变量，则此时该指针变量的值是结构体变量的起始地址，如图 8-9 所示。

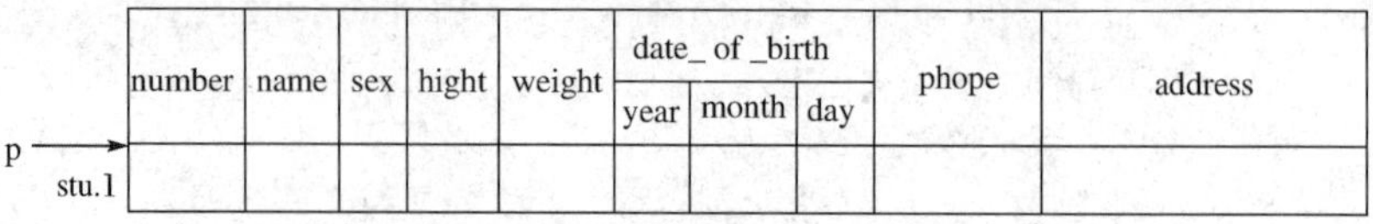

图 8-9 结构体变量的指针与指向结构体变量的指针变量

示例 7：结构体变量指针的应用。

```
#include <stdio.h>
    struct birthday
     {
         int year;
         int month;
         int day;
     };
    struct student
     {
         int number;
         char name[9];
         char sex[3];
         struct birthday date_of_birth ;
         char phone[12];
     };
    void main( )
    {
        struct student *p,stu1={001,"李梅","女",1998,12,3,"18967123456"};
        p=&stu1;                 //指向结构体变量的指针变量 p
        printf("------------------------------------------------------
-----------\n");
        printf("学号    姓名    性别    出生日期   电话\n");
        printf("------------------------------------------------------
-----------\n");
        printf("%-8d%-8s%-6s%d.%d.%-2d  %s\n",
                 (*p).number,(*p).name,(*p).sex,
p->date_of_birth.year,p->date_of_birth.month,p->date_of_birth.day,
                 p->phone);
        printf("------------------------------------------------------
-----------\n");
    }
```

引用结构体变量中的成员有以下 3 种形式。

（1）结构体变量名·成员名。

（2）(*p)·成员名。

（3）p->成员名。

其中，"·"是成员运算符。"->"是指向运算符。"p"是指向结构体数据的指针变量。

8.3.3　典型案例

典型案例 1：定义一个结构体，名称为发动机（DATA_ENGINE），包含 3 个成员，发动机状态（Engine_Status）=0、曲轴转速（Crankshaft_Speed）=1500r/min、燃料消耗率（Fuel_Consumption_Rate）=10L，输出 3 辆汽车发动机的各项数据。

代码如下：

```
struct DATA_ENGINE
{
    int Engine_Status;
    char Crankshaft_Speed[10];
    char Fuel_Consumption_Rate[5];
};
void main()
{
    struct DATA_ENGINE *p,DATA_ENGINE[3]=
    {
        {0,"1500r/min","10L"},
        {1,"1600r/min","15L"},
        {0,"2500r/min","25L"},
    };
    for(p=DATA_ENGINE;p<DATA_ENGINE+3;p++)
    {
        printf("%d\t%s\t%s\n",p->Engine_Status,p->Crankshaft_Speed,
p->Fuel_Consumption_Rate);
    }
}
```

典型案例 1 的运行结果如图 8-10 所示。

典型案例 2：定义一个结构体，名称为车辆位置（Data_Location），包含 3 个成员，定位状态（GPS_Status）、经度（Longitude）、纬度（Latitude）。从键盘上输入 4 辆汽车的位置信息，并输出。

代码如下：

```
#include"stdio.h"
struct Data
{
    char GPS_Status[10];
    int Longitude;
    int Latitude;
}Data_Location[4],*p;
void main()
{   int i;
    struct Data Data_Location[4];
```

```
p=Data_Location;
for(i=0;i<4;i++)
{
    printf("请输入车辆状态、经度、纬度信息\n");
    scanf("%s%d%d",p[i].GPS_Status,&p[i].Longitude,&p[i].Latitude);
}
for(p=Data_Location;p<Data_Location+4;p++)
printf("车辆状态为%s，经度为%d，纬度为%d\n",p->GPS_Status,p->Longitude,
p->Latitude);
}
```

典型案例 2 的运行结果如图 8-11 所示。

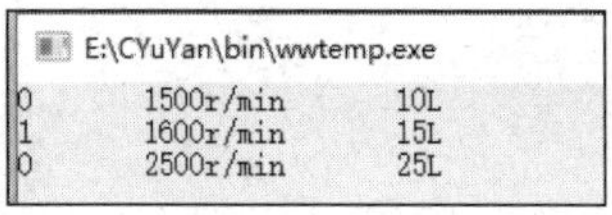

图 8-10　典型案例 1 的运行结果 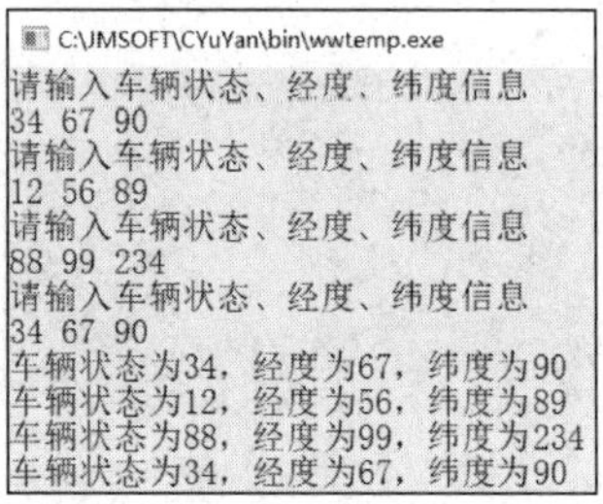　　　　图 8-11　典型案例 2 的运行结果

8.3.4　任务分析与实践

代码如下：

```
#include"stdio.h"
struct Truct
{
    char Plate_Number[12];
    char VIN[18];
    int  Load;
} Truct[3],*p;
void main()
{
    struct Truct  Truct[3];
    struct Truct * q = p;
    printf("请输入货车的信息\n");
    for(p=Truct; p<Truct+3; p++)
    {
        printf("车牌号");
        scanf("%s",p->Plate_Number);
        printf("车辆识别码");
        scanf("%s",p->VIN);
        printf("载重吨数");
        scanf("%d",&p->Load);
    }
    printf("货车的信息为\n");
```

```
        for(q=Truct; q<Truct+3; q++)
        {
            printf("车牌号%s\n",q->Plate_Number);
            printf("车辆识别码%s\n",q->VIN);
            printf("载重吨数%d\n",q->Load);
        }
    }
```

8.3.5 巩固练习

一、选择题

1. 已知有以下结构体：

```
struct num
    {
        int a;
        int b;
        float f;
    }n={2,3,8.0};
    struct num *p=&n;
```

表达式(*p).a+(*p).f 的值为（   ）。

 A. 10   B. 表达式错误

 C. 10.0   D. 不确定的值

2. 以下程序的运行结果是（   ）。

```
#include <stdio.h>
struct s
{
    int num;
    char name[20];
    int age;
};
fun(struct s *p)
{   printf("%s\n",(*p).name);    }
void main( )
{
    struct s stud[3]={{101,"Li",18},{102,"Wang",19},{103,"Zhang", 21}};
    fun(stud+2);
}
```

 A. Li   B. Wang   C. Zhang   D. 不确定的值

3. 以下程序的运行结果是（   ）。

```
#include <stdio.h>
struct student
{
    int num;
    char name[20];
```

```
    float score;
}stu1={1002,"liling",98.5};
void main( )
{
    struct student *p;
    p=&stu1;
    printf("%s\n",p->name);
}
```

    A. 1002   B. liling   C. 98.5   D. 不确定的值

4. 已知有定义 char s[20]="programming",*ps=s，不能代表字符'o'的表达式是（   ）。

    A. ps+2   B. s[2]   C. ps[2]   D. ps+=2,*ps

5. 以下程序的运行结果是（   ）。

```
struct country
  { int num;
    char name[10];
  }x[5]={1,"China",2,"USA",3,"France",4, "England",5, "Spanish"};
struct country *p;
p=x+2;
printf("%d,%c",p->num,(*p).name[2]);
```

    A. 3,a   B. 4,g   C. 2,U   D. 5,S

二、填空题

1. 以下程序中 fun()函数的功能是：统计 p 所指结构体数组中所有性别（sex）为 M 的记录个数，存入变量 n 中，并作为函数值返回，请填空。

```
#include <stdio.h>
#define N 3
typedef struct
  {
    int num;
    char name[10];
    char sex;
  }SS;
int fun(SS *p)
{
    int n=0;
    SS *pp;
    for(pp=p;pp<p+N;pp++)
      if(_____=='M')
        n++;
      return n;
    }
void main()
{
    SS w[N]={{1,"AA",'F'},{2,"BB",'M'},{3,"CC",'M'}};
    int n;
```

```
    n=fun(w);
    printf("n=%d\n",n);
}
```

2．阅读程序，写出运行结果。

```
# include <stdio.h>
# include <string.h>
struct AGE
{
int year;
int month;
int day;
};
struct STUDENT
{
char name[20];              //姓名
int num;                    //学号
struct AGE birthday;        //生日
float score;                //分数
};
void main(void)
{
struct STUDENT student1;
 struct STUDENT *p = NULL;
p = &student1;
strcpy((*p).name, "小明");
(*p).birthday.year = 1989;
(*p).birthday.month = 3;
(*p).birthday.day = 29;
(*p).num = 1207041;
(*p).score = 100;
printf("name : %s\n", (*p).name);
printf("birthday : %d-%d-%d\n", (*p).birthday.year, (*p).birthday.month,
(*p).birthday.day);
printf("num : %d\n", (*p).num);
printf("score : %.1f\n", (*p).score);
return 0;
}
```

3．阅读程序，写出运行结果。

```
# include <stdio.h>
struct STU
{
    char name[20];
    int age;
    char sex;
    char num[20];
};
void main(void)
```

```
{
    struct STU stu[3] = {{"小红", 22, 'F', "Z1207031"}, {"小明", 21, 'M',
"Z1207035"}, {"小七", 23, 'F', "Z1207022"}};
    struct STU *p = stu;
    int i = 0;
    for (; i<3; ++i)
    {
        printf("name:%s; age:%d; sex:%c; num:%s\n", p[i].name, p[i].age,
p[i].sex, p[i].num);
    }
    return 0;
}
```

同步训练

一、选择题

1．已知有以下变量定义：

```
struct  stu
{int  age;
 int  num;
}std,*p=&std;
```

能正确引用结构体变量 std 中成员 age 的表达式是（   ）。

  A．std->age   B．*std->age   C．*p.age   D．(*p).age D

2．以下程序的运行结果是（   ）。

```
typedef  union
{long  x[2];
 int  y[4];
 char  z[8];
}MYTYPE;
MYTYPE  them; main()
{printf("%d\n",sizeof(them));}
```

  A．32   B．16   C．8   D．24

3．已知有以下定义：

```
struct  person
{char  name[20];
 int  age;
 char  sex;
}a={"li ning",20,'m'},*p=&a;
```

以下对字符串"li ning"的引用方式不正确的是（   ）。

  A．(*p).name B．p.name   C．a.name   D．p->name

二、填空题

1. 以下程序的运行结果_____。

```
#include <stdio.h>
struct abc { int a, b, c; };
main()
{ struct abc s[2]={{1,2,3},{4,5,6}};
  int t;
  t=s[0].a+s[1].b;
  printf("%d \n",t);
}
```

2. 以下程序的运行结果_____。

```
#include <stdio.h>
struct stu
{ int num;char name[10]; int age;};
void fun(struct stu *p)
{ printf("%s\n" ,(*p).name); }
void main()
{ struct stu students[3]={{9801,"Zhang",20} ,{9802,"Wang", 19} ,
  {9803,"Zhao",18} };
  fun(students+2);
}
```

3. 以下程序的运行结果_____。

```
#include <stdio.h>
typedef union student
{ char name[10];
  long sno;
  char sex;
  float score[4];
} STU;
void main()
{ STU a[5];
  printf("%d\n",sizeof(a));
}
```

三、编程题

有 n 个学生，每个学生的数据包含学号（num）、姓名（name[20]）、性别（sex）、年龄（age）、三门课程的成绩（score[3]）。编写程序，要求首先在 main()主函数中输入这 n 个学生的数据，然后调用一个 count()函数，在该函数中计算每个学生的总分与平均分，最后输出所有各项数据。

09 项目 9
汽车数据文件的读/写操作（文件）

学习目标

知识目标

- 认识文件的概念。
- 掌握文件的打开与关闭操作。
- 掌握文件的读/写操作。

能力目标

- 能熟练应用文件的打开与关闭操作。
- 能熟练应用文件的读/写操作。

情景设置

新能源电动汽车自身拥有大量的数据，如车牌号、车型、行驶里程等，这些数据都会随着时间的推移和汽车的使用年限进行更改。因此，数据的保存和读取显得格外重要。

任务 9.1　汽车文本数据的读/写（文本文件）

9.1.1　任务目标

打开某品牌汽车的参数文件 CarTest.txt，添加文字"报价:1800k"。程序运行结果如图 9-1 所示。

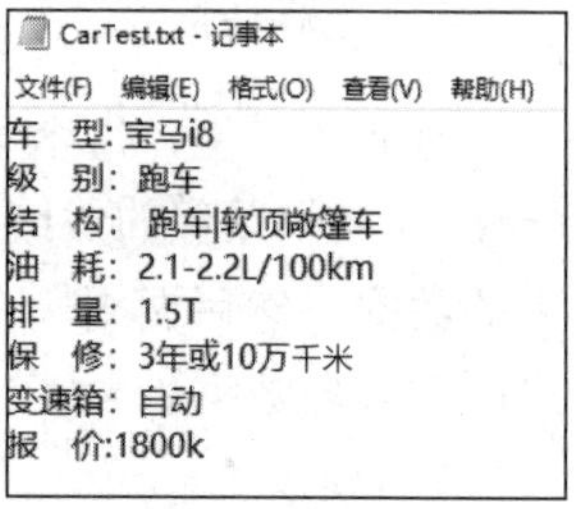

9.1.2　知识储备

一般来说，文件是用于存储外部介质的。在实际应用中，我们需要把大量的数据存放到外部介质中，或者从外部介质中来读取数据。

图 9-1　程序运行结果

1. FILE 类型

FILE 类型是由系统定义的一种结构体类型，专门用来描述文件的相关信息。Visual C++ 系统的 FILE 类型在"stdio.h"中的定义如下：

```
struct _iobuf
{
        char *_ptr;              //文件输入的下一个位置
        int  _cnt;               //当前缓冲区的相对位置
        char *_base;             //文件的起始位置
        int  _flag;              //文件状态标志
        int  _file;              //文件的有效性验证
        int  _charbuf;           //检查缓冲区状况，如果无缓冲区则不读取
        int  _bufsiz;            //缓冲区大小
        char *_tmpfname;         //临时文件名
    };
    typedef struct _iobuf FILE;
```

2. 文件指针

文件指针定义的语法格式为：

```
FILE *文件指针变量名;
```

例如：

```
FILE *fp;
```

> **注意**：必须调用 fopen()函数为文件指针 fp 和文件建立联系，文件指针才会指向打开文件的入口地址，通过文件指针找到与它相关的文件。

3. 打开文件

fopen()函数调用的语法格式为：

```
FILE *fp;
fp=fopen("文件名","打开文件方式");
```

示例 1：判断文件是否打开成功。

```
FILE *fp;
if( (fp=fopen("D:\\demo.txt","rb") == NULL ){
printf("Fail to open file!\n");
exit(0); //退出程序（结束程序）
}
```

4. 打开方式说明

在 C 语言中，对于文件的操作，需要一些具体的标识符，如表 9-1 所示。

表 9-1 文件操作标识符

打开方式	说明
"r"	以"只读"方式打开文件。只允许读取，不允许写入。文件必须存在，否则打开失败
"w"	以"写入"方式打开文件。如果文件不存在，则创建一个新文件；如果文件存在，则清空文件内容（相当于删除原始文件，再创建一个新文件）
"a"	以"追加"方式打开文件。如果文件不存在，则创建一个新文件；如果文件存在，将写入的数据追加到文件的末尾（保留文件原有的内容）
"r+"	以"读/写"方式打开文件。既可以读取也可以写入，也就是随意更新文件。文件必须存在，否则打开失败
"w+"	以"写入/更新"方式打开文件，相当于 w 和 r+ 叠加的效果。既可以读取又可以写入，也就是随意更新文件。如果文件不存在，则创建一个新文件；如果文件存在，则清空文件内容（相当于删除原始文件，再创建一个新文件）
"a+"	以"追加/更新"方式打开文件，相当于 a 和 r+ 叠加的效果。既可以读取又可以写入，也就是随意更新文件。如果文件不存在，则创建一个新文件；如果文件存在，将写入的数据追加到文件的末尾（保留文件原有的内容）

5. 关闭文件

fclose()函数调用的语法格式为：

```
fclose(文件指针);
```

6. fputc()函数

fputc()函数的功能是把一个字符写到磁盘文件上。其调用的语法格式为：

```
fputc(ch,fp);
```

7. fgetc()函数

fgetc()函数的功能是从指定的磁盘文件中读取一个字符，该磁盘文件必须以读或读/写方式打开。其调用的语法格式为：

```
ch=fgetc(fp);
```

示例 2：读取 stu.txt（路径为 c:\file\stu.txt）文件中的内容。

```
#include <stdio.h>
#define N 100
void main() {
    FILE *fp;
    char str[N + 1];
    //判断文件是否打开失败
    if((fp = fopen("c:\\file\\stu.txt", "r")) == NULL )
    {
     puts("Fail to open file!");
     exit(0);
    }
    //循环读取文件中的每一行数据
   while( fgets(str, N, fp) != NULL ) {
```

```
    printf("%s", str);
    }
    //操作结束后关闭文件
    fclose(fp);
}
```

示例 2 的运行结果如图 9-2 所示。

9.1.3　典型案例

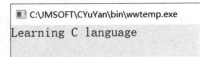

图 9-2　示例 2 的运行结果

典型案例 1：打开 E00898.txt 文件，先给文件写入信息，再关闭该文件。

代码如下：

```
#include"stdio.h"
#include"stdlib.h"
void main()
{
    FILE *fp;
    char ch;
    if((fp = fopen("d:\\file\\E00898.txt","w"))==NULL)
    {
        printf("文件未成功打开\n");
        exit(0);
    }
    ch=getchar();
    for( ; ch!='#'; )
    {
      fputc(ch,fp);            //将字符逐个传送到 fp 指向的文件中
      ch=getchar( );
      }
    putchar('\n');
    fclose(fp);
}
```

运行过程如下。

第一步：在运行环境下输入如图 9-3 所示的内容。

第二步：打开 E00898.txt 文件，效果如图 9-4 所示，刚才输入的内容已经写入 E00898.txt 文件中。

图 9-3　输入文本内容 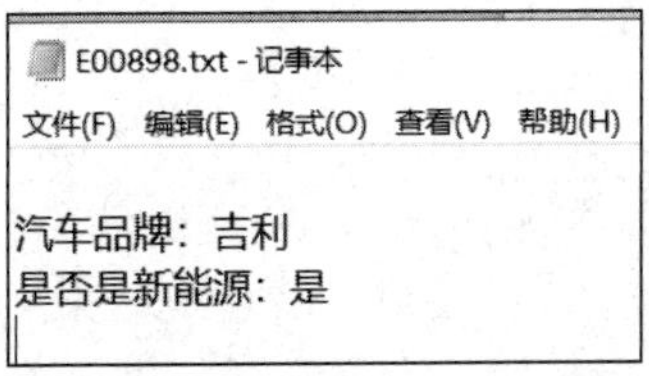　　　　　　图 9-4　打开 E00898.txt 文件的效果

典型案例 2：打开 E00898.txt 文件，读取文件中的信息，关闭该文件（注意文件路径可根据实际情况修改）

代码如下：

```
#include<stdio.h>
#include<stdlib.h>
void main()
{
    FILE *fp;
    char ch;
    if((fp=fopen("D:\\file\\E00898.txt","r"))==NULL)
    {
        printf("文件未成功打开\n");
        exit(0);
    }
    ch=fgetc(fp);
    for(;ch!=EOF;)
    {
      putchar(ch);
      ch=fgetc(fp);
    }
    putchar('\n');
    fclose(fp);
}
```

典型案例 2 的运行结果如图 9-5 所示。

图 9-5　典型案例 2 的运行结果

9.1.4　任务分析与实践

代码如下：

```
#include<stdio.h>
#include<stdlib.h>
void main()
{
    FILE *fp;
    char ch;
fp = fopen("G:\\CarTest.txt","r")
ch = fgetc(fp);
for(;ch!=EOF;)
{
```

```
        putchar(ch);
        ch = fgetc(fp);
    }
    putchar('\n');
    ch=getchar();
fp = fopen("G:\\CarTest.txt","a");
    for(;ch!='\n';)
    {
        fputc(ch,fp);
        ch=getchar();
    }
    fclose(fp);
}
```

9.1.5　巩固练习

一、选择题

1. 如果想要使用 fopen()函数打开一个新的文件，该文件既能读又能写，则文件方式字符应是（　　）。

　　A．"a"　　　　　B．"w"　　　　　C．"r"　　　　　D．"ab"

2. fgetc()函数的作用是从指定文件读入一个字符，该文件的打开方式是（　　）。

　　A．只写　　　　B．追加　　　　C．读或读/写　　　D．答案 B 和 C 都正确

3. 如果想要打开 c 盘上 user 子目录下名为 abc.txt 的文件，并进行读/写操作，则下面符合此要求的函数调用是（　　）。

　　A．fopen("c:\user\abc.txt","r")　　　　B．fopen("c:\\user\\abc.txt","r+")

　　C．fopen("c:\user\abc.txt","rb")　　　　D．fopen("c:\\user\\abc.txt","w")

4. 已知已经存在一个 file1.txt 文件，执行函数 fopen("file1.txt","r+")的功能是（　　）。

　　A．打开 file1.txt 文件，清除原有的内容

　　B．打开 file1.txt 文件，只能写入新的内容

　　C．打开 file1.txt 文件，只能读取原有内容

　　D．打开 file1.txt 文件，可以读取和写入新的内容

二、填空题

1. 从键盘上输入一段字符，逐个存入 abc.txt 文件中，直到遇到"回车"为止。

```
#include <stdio.h>
#include <stdlib.h>
void main( )
{
    FILE *fp;
    char ch;
    if((fp=_____("c:\\file\\abc.txt","_____"))==NULL)
        {
            printf("文件未成功打开!\n");
```

```
            exit(0);
         }
      ch=getchar( );
      for( ; ch!='\n'; )
        {
            fputc(ch,fp);
            ch=getchar( );
        }
         _____
   }
```

2. 从键盘上输入若干行字符，把它们保存到 line.txt 文件中。

```
#include <stdio.h>
#include <string.h>          //strlen( )函数
#include <stdlib.h>
void main( )
{
   FILE *fp;
   char str[100];
   if((fp=fopen("c:\\file\\line.txt","w"))==_____)          {
   printf("文件未成功打开!\n");

         _____
     }
   for( ; strlen(gets(str))>0; )
   {
         fputs(str,fp);
         fputc('\n',fp);
   }
         _____
     }
```

任务 9.2　汽车文件的读/写（二进制文件）

9.2.1　任务目标

修改某品牌汽车的参数文件，添加 3 辆汽车的信息，如车牌号（Plate_Number）、车辆识别码（VIN）、载重吨数（Load）。需要注意的是，本任务打开某品牌汽车的参数文件 CarTest.txt，添加"报价：1800k"。程序运行结果如图 9-1 所示。

9.2.2　知识储备

1. 二进制文件

二进制文件是指包含在 ASCII 及扩展 ASCII 字符中编写的数据或程序指令的文件。如果一个文件专门用于存储文本字符的数据，没有包含字符以外的其他数据，则被称为"文本文件"，除此之外的文件就是二进制文件。

2．fwrite()函数

fwrite()函数调用的语法格式为：

```
fwrite(buffer,size,count,fp);
```

其中，buffer 是一个指针（地址），表示存放输出数据的首地址，size 是数据块的字节数，count 是数据块的块数，fp 是文件指针。如果函数调用成功，则返回 count 的值。

3．fread()函数

fread()函数调用的语法格式为：

```
fread(buffer,size,count,fp);
```

其中，buffer 是一个指针（地址），表示存放输入数据的首地址，size 是数据块的字节数，count 是数据块的块数，fp 是文件指针。如果函数调用成功，则返回 count 的值。

9.2.3　典型案例

典型案例 1：打开 car.txt 文件，写入 3 辆汽车发动机的信息，包含发动机状态（Engine_Status）、曲轴转速（Crankshaft_Speed）、燃料消耗率（Fuel_Consumption_Rate），关闭该文件。

代码如下：

```
#include<stdio.h>
#include<stdlib.h>
#define N 3
struct DATA_ENGINE
{ int Engine_Status;
  int Crankshaft_Speed;
  double Fuel_Consumption_Rate;
}car[N];
void save()
{
  int i;
  FILE *fp;
  //d盘file文件夹已存在car.txt文件
  if((fp=fopen("d:\\file\\car.txt","wb"))==NULL)
    {
    printf("文件未成功打开!\n");
          exit(0);
    }
  for(i=0;i<N;i++)
    if(fwrite(&car[i],sizeof(struct DATA_ENGINE),1,fp)!=1)
    {    printf("文件写入错误!\n");
```

```
        break;
      }
    fclose(fp);
}
void main()
{
  int i;
  printf("输入 3 辆汽车发动机的状态、曲轴转速、燃料消耗率\n");
  for(i=0;i<N;i++)
  {
scanf("%d%d%d",&car[i].Engine_Status,&car[i].Crankshaft_Speed,&car[i].Fu
el_Consumption_Rate);
  }
  save();
}
```

典型案例 1 输入的内容如图 9-6 所示。

输入信息的汽车文件内容如图 9-6 所示。因为 fp=fopen("d:\\file\\car.txt","wb")使用"wb"
以二进制方式写文件。所以图 9-6 中的文本不能正常显示，有许多不可识别的字符，如图 9-7
所示。

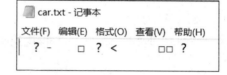

图 9-6　典型案例 1 输入的内容　　　　　　　图 9-7　car.txt 文件显示的效果

典型案例 2：打开 car.txt 文件，读取文件中的信息并追加信息，关闭该文件。
代码如下：

```
#include<stdio.h>
#include<stdlib.h>
#define N 3
struct DATA_ENGINE
{ int Engine_Status;
  int Crankshaft_Speed;
  double Fuel_Consumption_Rate;
}car[N];
void read()
{
   int i;
   FILE *fp;
   //d 盘 file 文件夹中已存在 car.txt 文件
   if((fp=fopen("d:\\file\\car.txt","rb"))==NULL)
   {  printf("文件未成功打开!\n");
            exit(0);
     }
```

```
        for(i=0;i<N;i++)
            if(fread(&car[i],sizeof(struct DATA_ENGINE),1,fp)!=1)
                {    printf("文件读取错误!\n");
                                    break;
                }
        fclose(fp);
    }
    void main()
    {
      int i;
      read( );
      printf("-----------------------------------------------------------
------\n");
      printf("  发动机状态\t 曲轴转速\t 燃气消耗率\n");
      printf("-----------------------------------------------------------
------\n");
      for(i=0;i<N;i++)
      {
        printf("%-10d\t",car[i].Engine_Status);
        printf("%-8d\t",car[i].Crankshaft_Speed);
        printf("%-10d\n",car[i].Fuel_Consumption_Rate);
      }
    }
```

典型案例 2 的运行结果如图 9-8 所示。

图 9-8 典型案例 2 的运行结果

9.2.4 任务分析与实践

代码如下：

```
#include<stdio.h>
#include<stdlib.h>
#define N 3
struct Truct
{ char Plate_Number[12];
  char VIN[18];
  int Load;
}truct[N];
void save()
{
    int i;
```

```
    FILE *fp;
    //d盘file文件夹中已存在truct.txt文件
    if((fp=fopen("d:\\file\\truct.txt","wb"))==NULL)
      {
      printf("文件未成功打开!\n");
              exit(0);
      }
    for(i=0;i<N;i++)
      if(fwrite(&truct[i],sizeof(struct Truct),1,fp)!=1)
        {    printf("文件写入错误!\n");
            break;
        }
    fclose(fp);
}
void main( )
{
  int i;
  printf("输入3辆汽车的车牌号、车辆识别码、载重吨数\n");
  for(i=0;i<N;i++)
  {
scanf("%s %s %d",&truct[i].Plate_Number,&truct[i].VIN,&truct[i].Load);
  }
  save();
}
```

9.2.5　巩固练习

一、选择题

1. 下列关于 C 语言文件的叙述正确的是（　　　）。

　　A．文件由数据序列组成，可以构成二进制文件或文本文件

　　B．文件由结构序列组成，可以构成二进制文件或文本文件

　　C．文件由一系列数据依次排列组成，只能构成二进制文件

　　D．文件由字符序列组成，其类型只能是文本文件

2. 以下叙述错误的是（　　　）。

　　A．在 C 语言中，对二进制文件的访问速度比文本文件快

　　B．在 C 语言中，随机文件以二进制代码形式存储数据

　　C．FILE fp;语句定义了一个名为 fp 的文件指针

　　D．C 语言中的文本文件以 ASCII 码形式存储数据

3. 如果想要用 fopen()函数打开一个新的二进制文件，该文件既能读又能写，则文件方式字符应是（　　　）。

　　A．"ab+"　　　　　　B．"wb+"　　　　　　C．"rb+"　　　　　　D．"ab"

4. 以下叙述错误的是（　　　）。

　　A．gets()函数用于从终端读入字符串

  B．getchar()函数用于从磁盘文件中读入字符

  C．fputs()函数用于把字符串输出到文件中

  D．fwrite()函数用于以二进制形式将数据写入文件中

5．在 C 语言程序中，可把整型数以二进制形式存放到文件中的函数是（ ）。

  A．fprintf()   B．fread()   C．fwrite()   D．fputc()

二、编程题

完成 9.2.1 任务目标文件中的信息读取。

同步训练

一、选择题

1．以下关于文件说明不正确的是（ ）。

  A．C 语言把文件看作字节的序列，即由一个个字节的数据顺序组成

  B．文件一般是指存储在外部介质上的数据的集合

  C．系统自动地在内存区为每一个正在使用的文件开辟一个缓冲区

  D．每个打开文件都与文件结构体变量相关联，程序通过该变量访问该文件

2．关于二进制文件和文本文件描述正确的是（ ）。

  A．文本文件把每一个字节作为一个 ASCII 代码的形式，只能存放字符或字符串数据

  B．二进制文件把内存中的数据按其在内存中的存储形式原样输出到磁盘上存放

  C．二进制文件可以节省外存空间和转换时间，不能存放字符形式的数据

  D．一般中间结果数据需要暂时保存在外存上，而需要输入内存的数据常用文本文件保存

二、编程题

从键盘上输入若干行数字，把它们保存到 line.txt 文件中。

10 项目 10
综合任务：车辆数据收发模拟器

任务 1　引例名称

车辆数据收发模拟器。

任务 2　引例分析

本模拟器实现车辆数据的模拟发送和云端服务器车辆数据的模拟接收效果。本程序是实现教材各章案例的数据基础。车辆数据收发模拟器架构图如图 10-1 所示。

图 10-1　车辆数据收发模拟器架构图

要想实现该数据收发功能，首先需要定义收发双方数据通信的协议。数据通信协议包含 3 部分：待发送数据包、包头、信息包体，具体的信息说明如下。

（1）待发送数据包。

待发送数据包包含包头、包体，其示意图如图 10-2 所示。

（2）包头。

包头包含多个数据信息，其示意图如图 10-3 所示。

char	szStartFlag[2]	##	
char	szVIN[17]	车辆唯一识别码	
char	szSeparator	分隔符	
包头			包体=数据头+数据体

图 10-2　待发送数据包示意图

szStartFlag[0]	szStartFlag[1]	szVIN[0]	…	szVIN[16]	szSeparator

图 10-3　包头示意图

（3）信息包体。

信息包体结构示意图如图 10-4 所示。

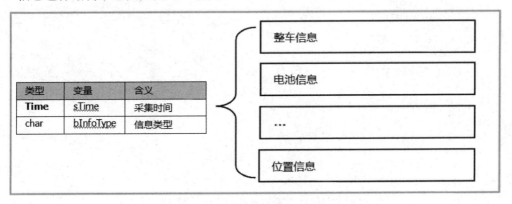

图 10-4　信息包体结构示意图

信息包体包含数据头、数据体/整车信息。一个信息包体有 40 字节，其示意图如图 10-5 所示。

bYear	bMonth	bDay	bHour	bMin	bSec	bInfoType	bVehicle_Status
bCharge_Status	bRunning_Mode	wVehicle_Speed					
dAccumulatedMileage							
wTotal_Voltage	2 字节	wTotal_Current	2 字节	bSOC	bDCDC_Status	bGear	bResPositive
bAccPedal	bBrkPedal	…					

图 10-5　信息包体示意图

任务 3　引例代码

```
#include <sys/types.h>
#include <sys/socket.h>
#include <netinet/in.h>
```

```c
#include <arpa/inet.h>
#include <unistd.h>
#include <stdio.h>
#include <stdlib.h>
#include <errno.h>
#include <string.h>
#include <time.h>
#include <sys/time.h>
#include "BGT32960.h"

#define SERV_IP "127.0.0.1"
#define SERV_PORT 6666
#define BUFFER_SIZE 512

void showData(UINT8 *sent,int ret)
{
    P_DATA_HEAD pDATA_HEAD = (P_DATA_HEAD)sent_data;
    switch(pDATA_HEAD->bInfoType)
    {
        case 0x01:
        {
            printf("\nPacket Type: 01\n");
            P_DATA_VEHICLE p_data = (P_DATA_VEHICLE)(sent+sizeof (DATA_HEAD));
            p_data->bVehicle_Status,
            p_data->bCharge_Status,
            p_data->bRunning_Mode,
            p_data->wVehicle_Speed,
            p_data->dAccumulatedMileage,
            p_data->wTotal_Voltage,
            p_data->wTotal_Current,
            p_data->bSOC,
            p_data->bDCDC_Status,
            p_data->bGear,
            p_data->wResPositive,
            p_data->bAccPedal,
            p_data->bBrkPedal);
            p_data = NULL;
            break;
        }
        case 0x03:
        {
            printf("\nPacket Type: 03\n");
            P_DATA_FUEL_CELL p = (P_DATA_FUEL_CELL)(sent + sizeof(DATA_HEAD));
            p_data->wBattery_Voltage,
            p_data->wBattery_Current,
            p_data->wFuel_Cnsumption_Rate,
```

```
                    p_data->wTemperature_Probes_Num,
                    p_data->wMax_Temperature,
                    p_data->bMax_Temperature_Probe_No,
                    p_data->wMax_Hydrogen_Concentration,
                    p_data->bMax_Hydrogen_Concentration_No,
                    p_data->wMax_Hydrogen_Pressure,
                    p_data->bMax_Hydrogen_Pressure_No,
                    p_data->bHigh_Voltage_DCDC_STT);
                p_data = NULL;
                break;
            }
        case 0x04:
            {
                printf("\nPacket Type: 04\n");
                P_DATA_ENGINE p_data = (P_DATA_ENGINE)(sent + sizeof(DATA_HEAD));
                printf("Data: %0d, %0d, %0d\n", p_data->bEngine_Status, p_data->
wCrankshaft_Speed, p_data->wFuel_Consumption_Rate);
                p_data = NULL;
                break;
            }
        case 0x05:
            {
                printf("\nPacket Type: 05\n");
                P_DATA_LOCATION  p_data  =  (P_DATA_LOCATION)(sent  +  sizeof
(DATA_HEAD));
                printf("Data: %0d, %0ld, %0ld\n",p_data->bGPS_Status,p_data->
dLatitude,p_data->dLongitude);
                p_data = NULL;
                break;
            }
        default:
            {
                break;
            }
        }
    }

    void main()
    {
        int sock = -1;
        if ((sock = socket(AF_INET, SOCK_DGRAM, 0))== -1)
        {
            printf("socket error\n");
            return -1;
        }
```

```c
        const int opt = 1;
        int nb = 0;
        nb = setsockopt(sock, SOL_SOCKET, SO_REUSEADDR, (char *)&opt, sizeof
(opt));
        if(nb == -1)
        {
            printf("set socket error...\n");
            return -1;
        }

        struct sockaddr_in addrto;
        bzero(&addrto, sizeof(struct sockaddr_in));
        addrto.sin_family=AF_INET;
        addrto.sin_addr.s_addr=inet_addr(SERV_IP);
        addrto.sin_port=htons(SERV_PORT);

        UINT8 uPacketType = 0x00;
        int nPacket_Head_Len = sizeof(PACKET_HEAD);
        int nPacket_Data_Len = 0;
        int pPACKET_Len = 0;
        UINT8 szOutputData[BUFFER_SIZE] = {0};

        P_PACKET_HEAD   pPacket_Head  = (P_PACKET_HEAD)szOutputData;
        P_DATA_HEAD       pDATA_HEAD   = (P_DATA_HEAD)(szOutputData + sizeof
(PACKET_HEAD));
        UINT8 *pData = szOutputData + sizeof(PACKET_HEAD);
        UINT8  *pDATA = szOutputData + sizeof(PACKET_HEAD) +sizeof(DATA_HEAD);

        pPacket_Head->szStartFlag[0] = '#';
        pPacket_Head->szStartFlag[1] = '#';
        memcpy(pPacket_Head->szVIN,"LA9HIGECXH1HGC002",sizeof(pPacket_Head->
szVIN));
        pPacket_Head->szSeparator = ',';

        while(1)
        {
            sleep(1);

            if (uPacketType<=4)
                uPacketType++;
            else
                uPacketType = 0x01;

            struct tm sTime= {0};
            struct timeval sTimeStamp = {0};
            gettimeofday(&sTimeStamp, NULL);
```

```
localtime_r(&(sTimeStamp.tv_sec), &sTime);

pDATA_HEAD->sTime.bYear = sTime.tm_year;
pDATA_HEAD->sTime.bMonth = sTime.tm_mon;
pDATA_HEAD->sTime.bDay = sTime.tm_mday;
pDATA_HEAD->sTime.bHour = sTime.tm_hour;
pDATA_HEAD->sTime.bMin = sTime.tm_min;
pDATA_HEAD->sTime.bSec = sTime.tm_sec;

switch(uPacketType)
{
    case 0x01:
    {
        pDATA_HEAD->bInfoType = INFO_TYPE_VEHICLE;
        P_DATA_VEHICLE pDATA_VEHICLE = (P_DATA_VEHICLE)pDATA;
        srand((unsigned)time(NULL));
        pDATA_VEHICLE->bVehicle_Status = 3;
        pDATA_VEHICLE->bCharge_Status = (rand() % (6-1))+ 1;
        pDATA_VEHICLE->bRunning_Mode = 1;
        pDATA_VEHICLE->wVehicle_Speed = (rand() % (6000-1000))+ 1000;
        pDATA_VEHICLE->dAccumulatedMileage = 9999;
        pDATA_VEHICLE->wTotal_Voltage = (rand() % (3000-2500))+ 2500;
        pDATA_VEHICLE->wTotal_Current = (rand() % (9800-6000))+ 6000;
        pDATA_VEHICLE->bSOC = 20;
        pDATA_VEHICLE->bDCDC_Status = 17;
        pDATA_VEHICLE->bGear = 18;
        pDATA_VEHICLE->wResPositive = 14345;
        pDATA_VEHICLE->bAccPedal = 13;
        pDATA_VEHICLE->bBrkPedal = 13;
        nPacket_Data_Len=sizeof(DATA_HEAD)+sizeof(DATA_VEHICLE);
        break;
    }
    case 0x03:
    {
        pDATA_HEAD->bInfoType = INFO_TYPE_BATTERY;
        P_DATA_FUEL_CELL pDATA_FUEL_CELL = pDATA;
        pDATA_FUEL_CELL->wBattery_Voltage = (rand()%2000)+6000;
        pDATA_FUEL_CELL->wBattery_Current = 7112;
        pDATA_FUEL_CELL->wFuel_Cnsumption_Rate = 12132;
        pDATA_FUEL_CELL->wTemperature_Probes_Num = 22442;
        pDATA_FUEL_CELL->wMax_Temperature = (rand() % (240))+ 150;
        pDATA_FUEL_CELL->bMax_Temperature_Probe_No = 11;
        pDATA_FUEL_CELL->wMax_Hydrogen_Concentration = 10450;
        pDATA_FUEL_CELL->bMax_Hydrogen_Concentration_No = 28;
        pDATA_FUEL_CELL->wMax_Hydrogen_Pressure = 19223;
        pDATA_FUEL_CELL->bMax_Hydrogen_Pressure_No = 52;
```

```
                pDATA_FUEL_CELL->bHigh_Voltage_DCDC_STT        = 52;
                nPacket_Data_Len = sizeof(DATA_HEAD) +sizeof(DATA_FUEL);
                break;
        }
        case 0x04:
        {
                pDATA_HEAD->bInfoType = INFO_TYPE_ENGINE;
                P_DATA_ENGINE pDATA_ENGINE = (P_DATA_ENGINE)pDATA;
                pDATA_ENGINE->bEngine_Status     = (rand() % (24-15))+ 15;
                pDATA_ENGINE->wCrankshaft_Speed     = 120;
                pDATA_ENGINE->wFuel_Consumption_Rate   = 4200;
                nPacket_Data_Len = sizeof(DATA_HEAD) + sizeof(DATA_ENGINE);
                break;
        }
        case 0x05:
        {
                pDATA_HEAD->bInfoType = INFO_TYPE_VEHICLE_LOCATION;

                P_DATA_LOCATION pDATA_LOCATION = DATA_LOCATION pDATA;
                pDATA_LOCATION->bGPS_Status     = 05;
                pDATA_LOCATION->dLongitude     = 120.691872*1000000;
                pDATA_LOCATION->dLatitude       = 31.138534*1000000;
                nPacket_Data_Len = sizeof(DATA_HEAD) +DATA_LOCATION;
                break;
        }
        default:
        {
                break;
        }
    }
    pPACKET_Len = nPacket_Head_Len + nPacket_Data_Len;
    printf("Packet Content: %s\n",szOutputData);

    int ret=-1;
    ret = sendto(sock, szOutputData, pPACKET_Len, 0, (struct sockaddr*)
&addrto, sizeof(addrto));
    if(ret < 0)
    {
        printf("Send error!\n");
    }
    else
    {
        printf("Send success!\n");
    }
    showData(pData,ret);
}
```

```
    return 0;
}
```

任务 4 系统截图

客户端车辆数据发送效果如图 10-6 所示。

图 10-6 客户端车辆数据发送效果

服务器端车辆数据接收效果如图 10-7 所示。

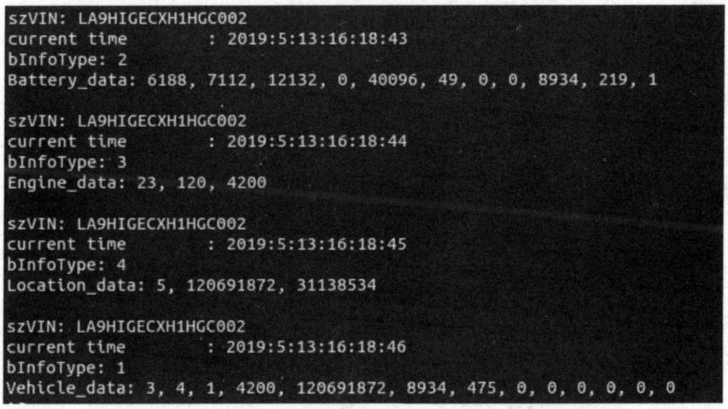

图 10-7 服务器端车辆数据接收效果

附录 A 运算符的优先级和结合性

优先级	运算符	名称或含义	要求运算对象的个数	结合性
1	[]	数组下标	单目运算符	从左到右
	()	圆括号		
	.	结构体成员（对象）	双目运算符	
	->	结构体成员（指针）		
2	−	负号运算符	单目运算符	从右到左
	~	按位取反运算符		
	++	自增运算符		
	--	自减运算符		
	*	指针运算符		
	&	取地址运算符		
	!	逻辑非运算符		
	（类型）	强制类型转换		
	sizeof	长度运算符		
3	*	乘法运算符	双目运算符	从左到右
	/	除法运算符		
	%	取模运算符		
4	+	加法运算法	双目运算符	从左到右
	−	减法运算符		
5	<<	按位左移运算符	双目运算符	从左到右
	>>	按位右移运算符		
6	>	大于	双目运算符	从左到右
	>=	大于或等于		
	<	小于		
	<=	小于或等于		
7	==	等于	双目运算符	从左到右
	! =	不等于		
8	&	按位与运算符	双目运算符	从左到右
9	^	按位异或运算符	双目运算符	从左到右
10	|	按位或运算符	双目运算符	从左到右
11	&&	逻辑与运算符	双目运算符	从左到右
12	||	逻辑或运算符	双目运算符	从左到右
13	?:	条件运算符	三目运算符	从右到左

优先级	运算符	名称或含义	要求运算对象的个数	结合性
14	=	赋值运算符	双目运算符	从右到左
	/=	除法运算后赋值		
	*=	乘法运算后赋值		
	%=	取模运算后赋值		
	+=	加法运算后赋值		
	-=	减法运算后赋值		
	<<=	左移运算后赋值		
	>>=	右移运算后赋值		
	&=	按位与运算后赋值		
	^=	按位异或运算后赋值		
	|=	按位或运算后赋值		
15	,	逗号运算符	双目运算符	从左到右

附录 B 常用字符与 ASCII 码对照表

ASCII 码值	字符	控制字符	ASCII 码值	字符	ASCII 码值	字符	ASCII 码值	字符
000	null	NUL	032	(space)	064	@	096	`
001	☺	SOH	033	!	065	A	097	a
002	☻	STX	034	"	066	B	098	b
003	♥	ETX	035	#	067	C	099	c
004	♦	EOT	036	$	068	D	100	d
005	♣	END	037	%	069	E	101	e
006	♠	ACK	038	&	070	F	102	f
007	beep	BEL	039	'	071	G	103	g
008	backspace	BS	040	(	072	H	104	h
009	tab	HT	041	)	073	I	105	i
010	换行	LF	042	*	074	J	106	j
011	♂	VT	043	+	075	K	107	k
012	♀	FF	044	,	076	L	108	l
013	回车	CR	045	-	077	M	109	m
014	♫	SO	046	.	078	N	110	n
015	☼	SI	047	/	079	O	111	o
016	►	DLE	048	0	080	P	112	p
017	◄	DC1	049	1	081	Q	113	q
018	↕	DC2	050	2	082	R	114	r
019	‼	DC3	051	3	083	S	115	s
020	¶	DC4	052	4	084	T	116	t
021	§	NAK	053	5	085	U	117	u
022	▬	SYN	054	6	086	V	118	v
023	↨	ETB	055	7	087	W	119	w
024	↑	CAN	056	8	088	X	120	x
025	↓	EM	057	9	089	Y	121	y
026	→	SUB	058	:	090	Z	122	z
027	←	ESC	059	;	091	[	123	{
028	∟	FS	060	<	092	\	124	¦
029	↔	GS	061	=	093	]	125	}
030	▲	RS	062	>	094	^	126	~
031	▼	US	063	?	095	_	127	⌂

续表

ASCII 码值	字符	ASCII 码值	字符	ASCII 码值	字符	ASCII 码值	字符
128	Ç	160	á	192	└	224	α
129	Ü	161	í	193	┴	225	β
130	é	162	ó	194	┬	226	Γ
131	â	163	ú	195	├	227	π
132	ä	164	ñ	196	─	228	Σ
133	à	165	Ñ	197	┼	229	σ
134	å	166	ª	198	╞	230	μ
135	ç	167	º	199	╟	231	τ
136	ê	168	¿	200	╚	232	Φ
137	ë	169	⌐	201	╔	233	θ
138	è	170	¬	202	╩	234	Ω
139	ï	171	½	203	╦	235	δ
140	î	172	¼	204	╠	236	∞
141	ì	173	¡	205	═	237	ø
142	Ä	174	«	206	╬	238	∈
143	Å	175	»	207	╧	239	∩
144	É	176	░	208	╨	240	≡
145	æ	177	▒	209	╤	241	±
146	Æ	178	▓	210	╥	242	≥
147	ô	179	│	211	╙	243	≤
148	ö	180	┤	212	╘	244	⌠
149	ò	181	╡	213	╒	245	⌡
150	û	182	╢	214	╓	246	÷
151	ù	183	╖	215	╫	247	≈
152	ÿ	184	╕	216	╪	248	°
153	Ö	185	╣	217	┘	249	•
154	Ü	186	║	218	┌	250	·
155	¢	187	╗	219	█	251	√
156	£	188	╝	220	▄	252	ⁿ
157	¥	189	╜	221	▌	253	²
158	Pₜ	190	╛	222	▐	254	■
159	ƒ	191	┐	223	▀	255	Blank'FF'

附录 C　常用的 C 语言库函数

在 C 语言程序设计中，大量的功能实现需要库函数的支持，包括最基本的 scanf()函数和 printf()函数都是库函数的一部分。C 语言提出了标准的库函数。

1. 输入/输出函数（要求包含#include <stdio.h>或#include "stdio.h"）

函数名	函数原型	函数功能	返回值
fclose()	int fclose(FILE *fp)	关闭 fp 所指文件	成功：0 失败：EOF
feof()	int feof(FILE *fp)	检查 fp 所指文件是否结束	是：1 否：0
fgetc()	int fgetc(FILE *fp)	从 fp 所指文件中读取一个字符	成功：所取字符 失败：EOF
fgets()	char *fgets(char *str,int n,FILE *fp)	从 fp 所指文件读取一个长度为 n-1 的字符串，存入起始地址为 str 的空间	成功：str 失败：NULL
fopen()	FILE *fopen(char *filename,char *mode)	以 mode 方式打开 filename 文件	成功：filename 文件的地址 失败：NULL
fprintf()	int fprintf(FILE *fp,char *format,输出表列)	按 format 格式，将输出表列各表达式的值输出到 fp 所指文件中	成功：实际输出字符个数 失败：EOF
fputc()	int fputc(char ch,FILE *fp)	将 ch 输出到 fp 所指文件中	成功：ch 失败：EOF
fputs()	int fputs(char *str,FILE *fp)	将字符串 str 输出到 fp 所指文件中	成功：返回 str 最后一个字符 失败：0
fread()	int fread(char *buf,unsigned size,unsigned n,FILE *fp)	从 fp 所指文件的当前位置起，读取 n 个大小为 size 字节的数据块到 buf 所指的内存中	成功：n 失败：0
fscanf()	int fscanf(FILE *fp,char *format,地址表列)	按 format 格式，从 fp 所指文件读入数据，存入地址表列指定的存储单元	成功：输入数据的个数 失败：EOF
fseek()	int fseek(FILE *fp,long offset,int base)	移动 fp 所指文件的读/写位置，offset 为位移量，base 决定起点位置	成功：当前指针位置 失败：EOF
ftell()	long ftell(FILE *fp)	求当前读/写位置到文件头的字节数	成功：所计算的字节数 失败：EOF
fwrite()	int fwrite(char *buf,unsigned size,unsigned n,FILE *fp)	从 buf 所指的内存中，读取 n 个大小为 size 字节的数据块写入 fp 所指的文件中	成功：n 失败：0

函数名	函数原型	函数功能	返回值
getchar()	int getchar()	从键盘上输入一个字符	成功：字符的 ASCII 码值 失败：EOF
gets()	char *gets(char *str)	从键盘上输入以回车结束的一个字符串到字符数组 str	成功：str 失败：NULL
printf()	int printf(char *format,输出表列)	按 format 格式，显示输出表列的值	成功：输出字符数 失败：EOF
putchar()	int putchar(char c)	向显示器输出字符 c	成功：c 失败：EOF
scanf()	int scanf(char *format,地址表列)	按 format 格式，从键盘上输入数据，并将其存入地址表列指定单元	成功：输入数据的个数 失败：EOF
puts()	int puts(char *str)	把 str 输出到显示器上，将'\0'转换为'\n'输出	成功：换行符 失败：EOF
remove()	int remove(char *fname)	删除名为 fname 的文件	成功：0 失败：EOF
rename()	int rename(char *oldfname,char *newfname)	将文件名 oldfname 重命名为 newfname	成功：0 失败：EOF
rewind()	void rewind(FILE *fp)	将 fp 指示的文件中的位置指针置于文件开头位置，并清除文件结束标志和错误标志	无返回值

2. 数学函数（要求包含头文件 math.h）

函数名	函数原型	函数功能	返回值	说明
abs()	int abs(int x)	求整数 x 的绝对值	计算结果	函数说明在 stdlib.h 中
acos()	double acos(double x)	计算 $\cos^{-1}(x)$	计算结果	$x \in [-1,1]$
asin()	double asin(double x)	计算 $\sin^{-1}(x)$	计算结果	$x \in [-1,1]$
atan()	double atan(double x)	计算 $\tan^{-1}(x)$	计算结果	x 为弧度值
cos()	double cos(double x)	计算 $\cos(x)$	计算结果	x 为弧度值
cosh()	double cosh(double x)	计算 $\cosh(x)$	计算结果	x 为弧度值
exp()	double exp(double x)	计算 e 的 x 次方	计算结果	e 为 2.718···
fabs()	double fabs(double x)	求 x 的绝对值	计算结果	无
floor()	double floor(double x)	求小于 x 的最大整数	该整数的双精度实数	无
fmod()	double fmod(double x,double y)	求 x/y 的余数	返回余数的双精度数	无
log()	double log(double x)	求 $\log_e x$，即 $\ln x$	计算结果	e 为 2.718···
log()10	double log10(double x)	求 $\log_{10} x$	计算结果	$x \geq 0$
pow()	double pow(double x,double y)	计算 x^y	计算结果	y 为整数
sin()	double sin(double x)	计算 $\sin(x)$	计算结果	x 为弧度值
sinh()	double sinh(double x)	计算 $\sinh(x)$	计算结果	无
sqrt()	double sqrt(double x)	计算 x 的平方根	计算结果	要求 $x \geq 0$
tan()	double tan(double x)	计算 $\tan(x)$	计算结果	x 为弧度值
tanh()	double tanh(double x)	计算 $\tanh(x)$	计算结果	无

3. 字符函数（要求包含头文件 ctype.h）

函数名	函数原型	函数功能	返回值
isalnum()	int isalnum(char c)	判别 c 是否是大小写字母或数字字符	是，返回 1；否，返回 0
isalpha()	int isalpha(char c)	判别 c 是否是大小写字母	是，返回 1；否，返回 0
iscntrl()	int iscntrl(char c)	判别 c 是否是控制字符	是，返回 1；否，返回 0
isdigit()	int isdigit(char c)	判别 c 是否是数字	是，返回 1；否，返回 0
isgraph()	int isgraph(char c)	判别 c 是否是可打印字符，不包括空格	是，返回 1；否，返回 0
islower()	char islower(char c)	判别 c 是否是小写字母	是，返回 1；否，返回 0
isprintf()	int isprintf(char c)	判别 c 是否是可打印字符	是，返回 1；否，返回 0
ispunct()	int ispunct(char c)	判别 c 是否是标点符号	是，返回 1；否，返回 0
isspace()	int isspace(char c)	判别 c 是否是空格、制表、回车、换行符	是，返回 1；否，返回 0
isupper()	int isupper(char c)	判别 c 是否是大写字母	是，返回 1；否，返回 0
isxdigit()	int isxdigit(char c)	判别 c 是否是一个十六进制数字字符	是，返回 1；否，返回 0
tolower()	char tolower(char c)	将 c 转换为小写字母	与 c 相应的小写字母
toupper()	char toupper(char c)	将 c 转换为大写字母	与 c 相应的大写字母

4. 字符串函数（要求包含头文件 string.h）

函数名	函数原型	函数功能	返回值
strcat()	char *strcat(char *s1,char *s2)	把字符串 s2 连到字符串 s1 之后	s1
strchr()	char *strchr(char *s1,int c)	找出 s1 指向的字符串中首次出现字符 c 的地址	找到：相应地址 找不到：NULL
strcmp()	int strcmp(char *s1,char *s2)	逐个比较两个字符串中的对应字符，直到对应字符不相等或比较到字符串末尾	如果 s1=s2，则返回 0 如果 s1<s2，则返回 -1 如果 s1>s2，则返回 1
strcpy()	char *strcpy(char *s1,char *s2)	把 s2 指向的字符串复制到 s1 中	s1
strlen()	unsigned int strlen(char *s1)	计算字符串 s1 的长度（不包括字符串结束符'\0'）	字符串 s1 的长度
strstr()	char *strstr(char *s1,char *s2)	找出字符串 s2 在字符串 s1 中首次出现的地址	找到：相应地址 找不到：NULL

5. 数值转换函数（要求包含头文件 string.h）

函数名	函数原型	函数功能	返回值
atof()	double atof(char *s)	把字符串 s 转换为双精度数	转换结果
atoi()	int atoi(char *s)	把字符串 s 转换为整型数	转换结果
atol()	long atol(char *s)	把字符串 s 转换为长整型数	转换结果
rand()	int rand(void)	产生一个伪随机的无符号整数	伪随机整数
srand()	srand(unsigned int seed)	以 seed 为种子计算，并产生一个无符号的随机整数	随机整数

6. 动态内存分配函数（要求包含头文件 stdlib.h）

函数名	函数原型	函数功能	返回值
calloc()	void *calloc(unsigned int n,unsigned int size)	分配 n 个连续存储单元，每个单元包含 size 字节	成功：存储单元首地址 失败：NULL
free()	void free(void *fp)	释放 fp 所指存储单元（必须是动态分配函数分配的内存单元）	无

函数名	函数原型	函数功能	返回值
malloc()	void *malloc(unsigned int size)	分配 size 字节的存储单元	成功：存储单元首地址 失败：NULL
realloc()	void *realloc(void *p,unsigned int size)	将 p 所指的已分配内存区的大小改为 size	成功：新存储单元首地址 失败：NULL

7. 过程控制函数（要求包含头文件 process.h）

函数名	函数原型	函数功能	返回值
exit()	void exit(int status)	终止程序执行，清除和关闭所有打开的文件。当 status=0 时，表示程序正常结束；当 status 为非 0 时，表示程序错误执行	status 的值

8. 随机函数（要求包含头文件 stdlib.h）

函数名	函数原型	函数功能	返回值
rand()	int rand(void)	产生 0～32767 的随机整数	返回产生的整数
random()	int random(int n);	产生 0～n-1 的随机整数	返回产生的整数
randomize()	void randomize(void);	初始化随机数发生器	无

9. 其他函数（要求包含头文件 conio.h）

函数名	函数原型	函数功能	返回值
clrscr()	Void clrscr(void);	清除当前字符窗口	无

附录 D C 语言中的关键字

auto	break	case	char	const
continue	default	do	double	else
enum	extern	float	for	goto
if	int	long	register	return
short	signed	sizeof	static	struct
switch	typedef	union	unsigned	void
volatile	while			